育儿三部曲之二

做宝宝心智成长的

第一任老师

刘戌年 著

金盾出版社

内容提要

本书围绕心理健康、道德健康及社会适应健康全面阐述宝宝出生后前三年心智的全方位发展。本书为年轻父母做宝宝心智成长的第一任老师提供了丰富的信息。

从 0 岁开始，对宝宝的心理、道德及社会适应的关注与呵护重在情感与爱心培育，是亲子、亲情与爱的培育。一个睿智敏感的父母总是能在第一时间感受到孩子的需求、心情、兴趣与才能，并能按照宝宝成长自身规律，让宝宝学做一个会吃、会睡、会玩、会学习、会生活的独立人。

图书在版编目（CIP）数据

做宝宝心智成长的第一任老师/刘戊年著. — 北京 ：金盾出版社，2013.6

（育儿三部曲之二）

ISBN 978-7-5082-8428-6

Ⅰ. ①做… Ⅱ. ①刘… Ⅲ. ①早期教育—家庭教育 Ⅳ. ①G78

中国版本图书馆 CIP 数据核字（2013）第 101762 号

金盾出版社出版、总发行

北京太平路 5 号（地铁万寿路站往南）

邮政编码：100036 电话：68214039 83219215

传真：68276683 网址：www.jdcbs.cn

封面印刷：北京凌奇印刷有限责任公司

正文印刷：北京军迪印刷有限责任公司

装订：兴浩装订厂

各地新华书店经销

开本：787×1092 1/16 印张：13.75 字数：150 千字

2013 年 6 月第 1 版第 1 次印刷

印数：1～8 000 册 定价：29.00 元

作者简介

刘戌年，现任天津市妇女儿童保健中心主任医师。1990—1993年和1997年美国柏克莱加州大学营养科学系博士后研究员，澳大利亚国家营养性贫血顾问委员会访问学者，曾担任与美国加州大学、联合国大学（UNU）"控制儿童营养性贫血"合作项目与国际研讨会主要负责人。多次参加WHO/NUICEF"婴幼儿辅食添加项目"和国际生命科学学会"婴幼儿营养素需要量与辅食科学会议"研讨以及大会发言。曾获省、市级科技进步奖，韩素音中西方科学交流基金、中国营养学会陈学存奖励基金、美国柏克莱大学自然资源学院研究员基金、亨氏杯营养科学卓越成就奖多项。兼任《中国儿童保健杂志》《中国小儿血液》《中华医学研究》等杂志编委。国内外论著（第一作者）50余篇。《健康报》《大众医学》《亲子》《启蒙》等报刊杂志发表科普文章200余篇。新浪网育儿栏目、中华育儿网、宝宝中心（Baby Center）专家组成员和撰稿人。

前　言

　　本书把儿童生理健康、心理健康、道德健康和社会适应健康形容为儿童健康的四大基石。生理健康已在笔者《育儿三部曲》的其他书中另有论述；本书的前半部分主要介绍如何培养宝宝的心理健康、道德健康和社会适应能力。

　　从 0 岁开始的心理健康关注与呵护，重在情感与爱心培育，是亲子、亲情与爱的培育。一个心理健康、人格独立稳定的孩子，一个有着良好道德观念，有着较强社会适应能力的孩子一定会有一个大未来。在实际生活中，我们见到了太多的青少年和成年人心理疾病源于 3 岁前父母的照料方式，以及亲子互动关系所存在的问题。因此，良好的亲子关系和健全的人格基础是父母对孩子最珍贵的馈赠。

　　宝宝从生下来起，就开始主动与人交往了，每一声啼哭、每一张笑脸、每一个动作，都是主动交往的信号。实际上，宝宝们都非常聪明，他们天生善于调动他人。睿智灵敏的妈妈总是能感受到孩子的需求、心情、兴趣和才能。当然，妈妈的这种感受，也引导着她和孩子的良好互动。蹲下身来去平视你的孩子，体会孩子的心理、视角，会让大人明白其实孩子并非不可理喻，反而是我们大人有些自以为是。耐下心来与孩子沟通，看似多花费了一些时间，然而却是真正有效的方法。如果你读懂了孩子心智的呼声，那么你就掌握了抚育儿童成长的主动权，做宝宝心智成长的第一任老师，是本书的最大初衷。

"幸福宝宝慢慢长大"一章是对婴幼儿早期教育取向的一种表述。教育的任务就是激发和促进儿童"内在潜力"的发挥,使其按自身规律获得自然的和自由的发展。在这个时期,父母首先应该帮宝宝学做一个会吃、会睡、会走、会说的独立人,学做一个适应环境的社会人,让宝宝有更多的机会主动探索周围的世界。简而言之,这段时期的教育必须围绕学会认知,学会做事,学会共同生活。在完成上述任务之后,孩子自然会做到主动学习,热爱学习。

　　"在宝宝心智成长的路上"一章从儿童健康的各个方面向你介绍宝宝每个瞬间的成长历程,以指导或评估你的育儿之路。可以说,从孕育一个孩子开始我们就在孕育一种希望,这种希望就是孩子身心的健康发展,将来能在社会上很好地生活,为社会做贡献,给家庭带来幸福。任何好的书籍,都只是给你一把开启宝藏的钥匙,而非全部宝藏本身。

　　孩子自有他的人生蓝图,不以父母的意志为转移。我们所需要做的就是接纳孩子,欣赏孩子,以他为荣,顺应他的需求并为他提供支持。有人形象地将育儿生长比喻为一次航行,一个漫长的旅程,尽管在这个旅程中可能会遇到这样或那样的问题。

作　者

目　录

第一章　关心孩子的心理健康

目　录

第二章　呵护儿童的道德生命

第三章　社会适应——儿童健康的统合

第四章　幸福宝宝慢慢长大

第五章　在宝宝心智成长的路上

第一章

关心孩子的心理健康

一、心理需求与心理健康

1. 儿童生长与发育

从受精卵着床到胎儿成熟出生,再到青春期结束进入成人期的过程,就叫生长发育。体格发育叫生长,也就是长个子,增重。功能的成熟、能力的获得及表达叫发育,比如智力、认知能力。

生长发育受很多因素的影响,遗传是一个重要的因素,基因预置了潜能,而经验则决定这一潜能在多大程度上能成为现实。早期的经验越丰富,大脑的效率将会越高。换言之,宝宝最初 3 年所处的环境,实际上塑造了他的大脑。

理想的生长和发育保证了宝宝的生理、心理、道德和社会适应的健康发展。每个家庭、每个父母和其他抚养者所做的一切工作都是围绕着如何保障一个孩子正常生长,围绕着如何使一个不成熟的个体正常发育,最终成为一个成熟的健康的个体。

每一个孩子在渐渐长大的过程中,都会出现或多或少的问题,他们不仅是在身体方面慢慢长大,心理上也在一天天地变化。遗憾的是,父母将太多的精力放在孩子的身体上,而忽视了孩子成长的另一个重要的方面——心理的成长。

2. 儿童整体素质形成和发展的基础

健康心理是儿童智力和人格发展、潜能开发、道德品德形成、积极适应社会的前提,是一个人整体素质形成和发展的基础。心理健康的宝宝情绪愉悦稳定,行为能自我调节和控制,容易抚养,饮食与二便正常,活泼向上,无不良的生活习惯,学习能力强,对生理健康会起到积极的保障作用。

心理健康是指儿童的一种健康状态,对于儿童来讲,始终有一个持续发育的问题在里面,心理健康与否,将会对他们的认知、情感、个性、道德的发展和社会适应等产生极其深刻的,有时甚至是难以逆转的影响。儿童成长过程中想要做的事情,就应该让他们去做,为了给孩子一个自由发展的环境,做宝宝心智成

长的第一任老师,因此近年来儿童的心理健康被提到了一个很高的位置。

儿童处于积极的、良好的心理状态,这有助于提高他们将来的学习能力和保持较好的社会适应能力。儿童的心理和行为若经常严重偏离自身的年龄特点,一般都是心理不健康的表现。除此之外,心理健康的标准还包括行为协调、反应能力适度等。这种适应能力除与他们的神经系统活动的强弱与灵活性有关外,还受生活经历和环境的影响。

3. 每一声啼哭抑或每一张笑脸

宝宝从生下来起,就开始主动与人交往了,宝宝想吃饭、睡觉或是想向你撒撒娇了,就会给你一些"信号"。实际上,宝宝们都如此聪明,他们天生善于调动他人。每一声啼哭、每一张笑脸、每一个动作,都是主动交往的信号。把这个责任担当下来的主角往往是母亲,这时的母爱自然是孩子不可缺少的精神营养。

宝宝学会的第一件事就是适应自己所处的环境,在宝宝出生之前,就已经跟你和谐相处 10 个月了,他对你的感觉作出的各种反应将在心里留下烙印,并成为他性格的一部分。对宝宝微笑,他也会报以微笑,然后他还会继续观察你接下来的反应。此时他的理解是:"你如此关爱地看着我,我完全信任你,相信你不仅能给我安全感,而且会明白我需要什么。你珍重我,我也会珍重我自己。"

宝宝需要被爱的感觉,让宝宝知道你爱他的最好方式就是和他在一起。全身心花在宝宝身上的时间尽可能多些,也要给自己留点私人空间,这很重要。不仅对宝宝成长有利,对家庭也不乏益处。

4. 啼哭是一种心理上的正常需要

宝宝出生不久,一旦饿了、渴了、尿布湿了,就会满脸涨红地大哭。啼哭是生理和情感上需要的表达和反映,就像需要吃奶一样,是一种心理上的正常需要。有的时候,他会特别安静,而有的时候,他会很不安分,总期望得到你的关注。有时候宝宝啼哭并不表明需要什么,只是想通过哭来表达一下内心的感受而已。由于宝宝的哭声反映出重要信息,对宝宝的不同哭声,妈妈会相应地作出不同反应,可能生气、焦虑或是欢喜。

当宝宝来到这个崭新的世界时,尽管对哺乳充满了好奇、疑惑,甚至还有些

许焦虑,但妈妈和宝宝已是经过感观上的接触而相互了解了。触摸、聆听、眼神交流、熟悉彼此的气息,这就仿佛是感觉上的盛宴。宝宝在你的悉心照料下,很快就会适应这个陌生的世界。

5. 最大音量地尖声哭叫

不论你相信还是不相信,你的孩子用最大的音量尖声哭叫并不是为了惹你生气,而是因为他是一个对生活充满兴趣的孩子。他要探索能发出最大音量的力量,并企图用嗓音去尝试他所要做的。当他在开阔的空间哭叫时,大的回声使他感到很有趣。

还有一些孩子到处哭叫,就是让他的父母注意他,这是他们说话的方式,如果你的孩子因为要你注意他而大声尖叫,你要问问自己是否真的少了些对孩子的关注或让孩子受到压制。对于一个 1 个月孩子,不论你是否知道孩子这样做的原因是什么,都应该对孩子的喊叫作出积极的回应,让他知道你就在他身边。

2 个月时,宝宝已经能坐在你的大腿上,听你们聊天了。说不准还会打断你们,迫切希望能加入你们的谈话。此时,你应该稍加停顿,并要有耐心,给他这个"说"的机会。到 3 个月的时候,经过不断的练习和模仿,宝宝已能发出一些音了。此时的他懂得的东西实际上要比你意识到的多得多,他能通过你的说话语调、面部表情、肢体语言来揣测你的情绪。

6. 动不动就哇哇大哭的孩子

嘉瑞是个男孩,现在快 2 岁了,一直就是动不动就哇哇大哭,有时候不知道他怎么了,就是大哭,哄也哄不好,有时候急了就打他两下,他反而哭得更厉害了,面对这样哇哇大哭的孩子,妈妈真是不知所措!

孩子哭一定是有原因的,他语言表达能力有限,表达不了,而家长又理解不了他,他内心的挫败感可想而知。如果你再打他,他的情绪就更恶劣了。建议孩子大哭的时候,如果知道哭的原因,先要与孩子感情融合一下,理解他的感受,可以试着跟孩子交流,比如说"妈妈没明白你要干什么,你很着急"。根据当时的情景说几句类似的话,然后安静地陪在他身边,等待他平静下来。如果不清楚他因何哭泣,也要尝试站在孩子的角度来思考,可以尝试转移孩子的注意

力,等待他平静下来。

孩子哭闹的时候,给他讲道理或过多地哄他都无济于事,不如淡定地面对他。简而言之,设法先让孩子平静下来,然后再逐渐和孩子融洽在一起。

7. 束手无策时不妨幽默一把

面对孩子大发雷霆而百般无奈时,突然想到不如干脆幽默一把,讲一个简单而滑稽的小笑话或是孩子以往很少见到的"搞笑动作"等,都可能使孩子的情绪突然来个180度的大转弯。其实幽默也是一种很好的途径,亲子关系融洽了,就能为孩子提供一个充满爱的、稳定的、安全的港湾。

有时为了维持一个安静的家庭环境,父母不得不承当亲子关系的协调者。如果父母不能及时化解糟糕的亲子关系,孩子就能感受来自父母的那些负面的能量,内心会时常感到焦虑和恐慌,家庭环境就不得安宁。

8. 孩子良好品德的铸就

服从是孩子从小要重点培养的品德之一。为了使孩子学会正确地服从,父母要对孩子讲清楚,要他去做什么事情,为什么要这样做;如果父母不制止他的行为,也要说明是什么原因。同时要让孩子明白,父母这样做是为了他们好。

诚实是做人之本,孩子们没有生活经验,而且善于想象,有时候免不了说说谎,当然他们也知道这不是好事。对这样的行为不要过多予以指责,但是要注意加以纠正。因为这种无害的说谎很容易发展到有意的欺骗,其间只有一念之差。

善良是做人的美德,孩子生性总是先为自己着想,不过只要注意引导,他们并不会成为自私自利的人。从小时起,奖励孩子把她的各种手工艺品送给小朋友,有时送给那些贫苦人家的孩子,以此培养她的仁爱之心。

崇高品德来自孩子的自尊心,要是丧失了自尊心,一个人已有的品德就会瓦解。有的父母经常把孩子的过失挂在嘴上,这是极端错误的,因为这样有损孩子的自尊心。那些爱当着外人面揭孩子短处的家长,会把孩子刚刚建立起来的自尊心又扼杀掉。

9. 儿童健康心理的表现

健康儿童的心理活动和行为方式应和谐统一,对外部刺激的反应是适度的,表现为既不异常敏感,也不异常迟钝,具有一定的应变能力。心理需求得到满足的孩子能关心周围的各种事物和现象,有较良好的观察、注意、想象、概括、分析能力。有较强的求知欲,并能认识自己与周围世界中各种事物和现象的关系。

儿童心理健康意味着对新环境有良好的适应能力,有一定的生活自理能力,能主动参与集体活动,敢于自我表现。和小朋友友好相处、平等合作、乐意关心他人,富有同情心。有一定的自我评价能力和自我约束能力,不任性,能接受别人的劝导。

10. 现代家庭教育重视儿童心理健康

现代的家庭教育越来越重视孩子健康心理的培养,注意与孩子的情感交流,关心孩子的心理需要。父母把快乐教育作为一项重要的教育内容来实施。他们经常和孩子一起讨论问题,孩子遇到不顺心的事也愿意跟父母商量。心理学的研究表明,健康的心理对于孩子的成才和健康人格的塑造至关重要。

然而,也有一些家庭的做法却正好相反,他们在日常生活中对子女的关心基本上集中在孩子的生理需要方面,很少关心甚至根本无视孩子的心理需求,忽视孩子健康心理的培养和性格、意志的磨炼。其结果是在相当程度上导致了孩子的心理承受能力过低,以致经不起生活中的压力和挫折。

二、儿童心理发展的特点

1. 一个不断生长发育过程中的生命

对于儿童发育的过程,我们首先需要了解儿童不同生长阶段的特点,这是与成人不一样的。只有知道了其发育特点,才能及时地发现可能出现的问题,掌控这个问题对生长发育和健康可能造成的影响有多大。

母爱之所以伟大，是因为母亲给孩子的成长提供着最原始的满足：生理满足、安全满足、爱的满足。正是这 3 个需要的满足成就了孩子一生的幸福成长。假如这 3 个基本的满足出现了缺陷，孩子的成长过程就会变得艰辛和障碍。

走过人生第一年时，父母的关爱和引导非常重要，这时宝宝最信任的是父母。2～3 岁时，他就会表现出自我意识和权力意识，个性差异就初步显示出来了。4 岁左右的学龄前期儿童，个性已经相当鲜明，他们在气质、性格上表现各异，有的好动、灵敏、反应快；有的沉静、稳重、反应慢。所以，儿童生长发育的有关知识是每一位家长必须了解和掌握的。

2. 生长的连续性

生长的过程是一个不断进行的过程，它不是一条直线，而是波浪式的往前运行的。这个过程有时候快些，有时候慢些，前一个阶段总会为后一个阶段奠定基础。我们要知道什么时候、哪些组织发育是快的，哪些是慢的。这样我们才能在孩子不同的生长阶段有重点地去关注他，从生长发育的全过程来关注这个孩子，而不是随着自己的兴奋点来转移目标。

儿童生长的连续性还表现在某个阶段孩子的某种技能会表现一个短暂的停歇甚至后退，比如 10 个月时已经独立站立，扶着大人手走上几步，到 1 岁时又怎么都不走了。当你明白儿童生长连续性的特点后，你就不必再担心，在停歇一段时间后，孩子必然会加倍追赶上前一段的"损失"。

3. 性格的独特性

个性是指人的需要、兴趣、理想、信念等个体意识的倾向性，以及在气质、性格、能力等方面所经常表现出来的稳定的个性心理特征。

在性格发展当中，开始的时候宝宝是以自我为中心的，大概到 2、3 岁以后

才能从自我为中心到超越自我，才能适应环境，因为在这个年龄阶段，如果想要什么东西是不能延迟的，不能等待的，立马要得到满足的，如果得不到满足可能就要发小脾气，这是在情理之中的。

随着年龄的增长，要让宝宝学会等待，也就是说，在1岁以后合理的要求满足他，不合理的要求拒绝他，即使合理的要求也可以让宝宝学会现在不可能，可能你要等一会儿。

在家庭与幼儿园这样特定的环境和教育的影响下，儿童自身的个性也逐渐系统化，具备了比较稳定的情绪反应体系。比如，生活在充满爱心的环境中，儿童经常体验到愉快、轻松的情绪，他对别人的关心也会报以信任的态度。而生活在缺乏爱心的环境里，而且经常受到斥责的儿童，常常会消极对待他人的关怀。经常受老师赞扬的儿童，自信心会很强，而不受老师重视的儿童常会表现出自卑的倾向。这种情绪反应固定下来以后，就会成为儿童的个性特征。

4. 自我意识开始萌芽

从两三岁起，孩子的自我意识就处于萌芽状态，随着年龄的增长这种自我意识会愈发强烈。孩子有了自己的一些主见，说明孩子知道了自己的力量和能力。当他提出自己不同的看法和要求时，不要认为是他不听你的话，跟你对着干，而粗暴地反对他。例如，你要求孩子看一会儿小画书，可他还想再跟小伙伴们玩一下，你不能发脾气："越大越不听话了，不好好学习，看你长大了能干什么。"这样做只会让孩子更加厌恶学习。应该用尊重的语气："那你再玩一会儿，不过，玩完了，可一定要看一会儿书呀。"这样孩子就乐于接受了。

5. 婴幼儿的积极情绪

情绪是人的一种复杂的心理活动。喜悦、愉快的情绪能明显促进幼儿身体的健康成长。反之，恐惧、悲伤等情绪会危害其身体健康。在现实生活中，因情绪变化而影响幼儿求知欲及智力发展的情况屡见不鲜。

幼儿时期是各种良好行为习惯形成的开始时期。情绪经常处在良好状态的幼儿，对成人的各种指示一般都乐于接受，这样就有利于幼儿的健康成长，形成团结友爱、遵守纪律、独立活动等良好的行为习惯。

幼儿有生理和社会心理的种种需求,有些需求如果是合理的,也是成人力所能及的,就应当给予满足,这样可使幼儿的情绪稳定和愉快。家长和教师要有意识地以愉快、喜悦的情绪去感染他们。

6. 建立规律性的生活节奏

孩子渐渐脱离哺乳期,大人还是需要随孩子成长而调整、稳固孩子的作息。在一个新的生活节奏形成过程中,需要不断重复,尽量不要随意打乱。在此节奏中,饮食和睡眠是最为重要的。一定要在该吃饭的时间吃饭,该睡觉的时间睡觉。

有的孩子对于某些事情特别固执,必须按照自己的要求来做,或者表现为非常不听话,或者对于某种食物、某个玩具产生强烈的控制欲时,其原因往往是每天摸不到头绪的无规律可言的生活造成的。

如果大人希望孩子可以情绪稳定地长大,那么一定要在家庭生活中非常注重孩子生活的规律性或称作节奏,如早餐后去楼下小公园散步,散步之后回家有个小点心,然后讲故事,小睡等,所有的事物都在它正确的位子上,这样的生活会让他多么的安心。孩子是通过每日的规律生活来建立他对这个世界的初步了解的。因此,家长建立一个有节奏的生活规律对于年幼期的孩子是非常重要的。

7. 儿童不同时期的心理问题

儿童在各年龄阶段,多表现与年龄相适应的心理特征和规律,从而形成不同年龄阶段独特的心理、行为模式。心理健康儿童应具有与多数同龄人相符的心理、行为特征。

新生儿在出生后 1 个月只有两种反应,一种是获得满足与舒适感后的愉快情绪,另一种是饥饿、寒冷、尿布潮湿等所引起的不愉快情绪。3 个月的新生儿即可有欲求、喜悦、厌恶、愤怒、惊恐、烦闷等情绪反应。6 个月以后的宝宝已经有了初步的幽默感,他开始主动模仿父母的一些行为和表情,以此来获得父母的注意。

婴幼儿时期的心理问题主要表现为不良的进食习惯、睡眠习惯和大小便习

惯,言语障碍,负性情感如畏怯、恐惧、分离焦虑,以及某些不良的行为问题,如吮吸手指或衣物、咬指甲等。

较大儿童心理障碍主要表现为情绪性格问题,自我控制能力差,注意力不集中,其中部分孩子属于学习能力障碍。由于他们在心理上极不成熟,自我调节、控制水平较低,自我意识还处在萌芽状态,极易因环境等不良因素的影响形成不健康的心理和人格特点。

8. 儿童心理发展的关键期

每个孩子在成长过程中各种能力的获得都有一个最佳阶段,在这个阶段里孩子可以轻松地获得各种能力,所以称这个阶段为敏感期或叫关键期。在关键期儿童学习某种知识和行为比较容易,错过了这个时期,则学习起来就会比较困难,导致儿童的发展比较缓慢。所以在关键期里要给孩子创造适宜发展各种能力的环境(表1)。

表1 儿童心理发展的几个关键期

年龄(岁)	敏感领域	具 体 表 现
0~6	语言	喜欢注视大人说话的嘴形,并发出牙牙学语声。到2~3岁,宝宝的口语表达能力迅速发展,进入口语"暴发期"
2~4	秩序	在对顺序性、生活习惯、所有物的要求上,需要一个有秩序的环境来帮助他认识事物、熟悉环境
0~6	感官	借着听觉、视觉、味觉、触觉等感官来熟悉环境,了解事物。3岁之后开始通过感官分析,判断周围的事物
2~4	细微事物	常常会对一些特别细节的东西非常关注,并乐此不疲。观察能力与理解能力迅速发展
0~6	动作	从一出生,宝宝就挥胳膊踢腿动个不停,到2岁以后,走得很好了,他的活泼好动就更明显了
3~6	社会规范	开始慢慢摆脱自我中心,转而对很多小朋友参加的活动产生明显的兴趣
4~5	书写	宝宝对涂鸦、"写字"表现出浓厚的兴趣,常常手里握一支笔,能涂画很长时间
4~6	阅读	宝宝对书本的兴趣明显增强

9. 关键期的教养重点

从宝宝一降生，就要为他提供符合大脑发育特点的各种刺激，比如创造色彩丰富的养育环境，提供不同功能的玩具，经常带宝宝去户外活动，让宝宝多听音乐、儿歌、故事等。到宝宝稍大些，就可以带他去听音乐会，看画展、歌舞、体育比赛等，让各种信息通过各种感觉器官注入宝宝的大脑。

为宝宝提供更多玩耍的机会，通过玩耍，宝宝会以自己的方式去观察世界、体验生活，并在这个过程中促进想象力与思维能力的发展。宝宝玩耍时，父母可以适时给予一些诱导或提示，启发他的创造性思维。适时为宝宝提供相应的训练机会，掌握宝宝各种能力发展的关键期，在关键期及时提供训练机会，就会促进宝宝各项能力的发展。

10. 儿童心理发展的重要转折期

当儿童在生理和活动能力方面得到迅速发展的时候，由于心理发展跟不上这种变化，导致其内心发生冲突，进而引发混乱。处在这个时期的儿童在行为方式、理解能力等方面都会发生非常大的变化，这个时期就称之为儿童心理发展的转折期。6岁之前，宝宝心理发展的重要转折期主要有以下几个阶段（表2）。

表2　儿童心理发展的重要转折阶段

年龄阶段	心理发展的转折
0～1个月	新生儿离开妈咪的子宫，面临一个完全陌生的环境，需要经受各种考验
1岁	出生后第一年，宝宝适应了周围的环境，各种能力也逐渐增强，既非常依恋妈妈，难以脱离妈妈，又渴望不时摆脱妈妈的束缚，处在矛盾之中
3岁	宝宝开始变得任性，爱发脾气，出现不愿上幼儿园、胆小、多动等问题
6岁	宝宝进入学校，因为不适应学校生活而出现上课坐不住，爱做小动作等问题

11. 转折期的教养重点

对于1岁内宝宝，父母要主动地训练宝宝的注意力、语言、动作协调等能力。给宝宝创造条件练习翻身、爬行、行走等技能。耐心地对待处在转折期的

宝宝,时刻准备提供有效的帮助。

3岁儿童已经学会说话,急于要把头脑中存储的许多认识表达出来,但是口语表达能力还很有限,无法流利而充分地表达自己的想法,就会出现愿望和能力之间的矛盾,造成情绪上的强烈不安。此时,父母千万不要急于改变宝宝,给他提出过高的要求,而要鼓励宝宝慢慢讲话,并借助肢体动作来辅助语言。

6岁左右的宝宝关键要在注意力、自制力、独立性和培养良好习惯等方面对他们提出更高的要求,避免在这个阶段养成注意力不集中,写作业拖拉或不爱写作业,粗心大意,以及胆小、爱哭、发脾气等不良性格,把教养重点放在培养孩子良好的学习习惯上。

三、孩子的心理压力从何而来

1. 亲子关系不是猫和老鼠的关系

作为一个具有时代感的父亲、母亲,应该能够蹲下身来,以童心看孩子,因为孩子们喜欢采用平等的、对话式的、充满爱心的双向交流。父母要善于创造一个宽松的环境,让孩子能放松地讲出心里所有的喜悦和困惑、恐惧、失望,鼓励他说出自己所有的想法,甚至包括对你的不满。这会帮助他把你当成一个值得信赖的朋友。

如果在家里父子或母子的关系是不平等的,是猫和老鼠的关系,对话便常常以"训示"和"告诫"的形态出现,这会使孩子对尊重与平等的理解产生困惑。

随着孩子的长大,如果他们感到说出实话总不能得到理解,就会很容易地走到危险的道路上去。打骂只能使孩子变成一个懦夫,变成一个无能的人。当然,放纵孩子也不是一个明智的做法,但起码能让孩子自由自在。打骂却不一样,它能毁掉孩子。

2. 不要把孩子斥之为"胆小鬼"

当孩子感觉到了客观上实际存在的威胁、压力,当孩子无力应对时,会产生害怕心理。一般是幼儿园大班孩子往往有这种心理,如迟到了不敢进幼儿园,受大孩子威胁后不敢出门,怕危险而不敢过马路等。

这种害怕心理光靠讲道理是难以消除的,应该教给孩子克服那些威胁、压力的方法,如动作要快,以免迟到,或处理好与其他孩子的关系,友好相处,消除大孩子对他的威胁等。对于确实危险的事情或孩子难以适应的突然惊吓等,应给予保护,如带孩子过马路要注意红绿灯,雷雨交加时和孩子待在一起,向他们讲些科学道理等。

当孩子害怕时,许多家长喜欢空洞的说教。例如,"不要害怕","和妈妈在一起什么也不怕"。这些做法只会加深孩子的害怕心理。无论在什么情况下,大人也不要把孩子斥之为"胆小鬼",这种斥责不但不能使孩子变得勇敢,反而会使其产生自卑感。

3. 孩子胆小、自私的表现来自何方

那天,我从外面回来,路过李老师的家门口。我看见他正在训斥他的儿子:"你是怎么搞的,刚刚买来的足球才几天就弄坏了。""我在与其他的孩子玩的时候,足球被一颗钉子划了一下……"强强小心翼翼地回答道。"被钉子划了一下!"李老师生气地说,"跟你说过不要去和那些孩子瞎闹,你就是不听。把足球弄坏了小事,你要踢碎了人家的窗户玻璃,弄伤了人怎么办?人家会把你送到派出所去的"。这时,我看见强强难过得都要哭出来了,便走上前去。我笑着向他打招呼,"李老师,这是怎么回事?你瞧,我们的小强强多不高兴呀!""他还不高兴?"李老师指了指手中撒了气的足球,"这个调皮的家伙把刚买的新足球弄成了这个样子。""是吗?"我做出不在意的样子,"我看这没什么问题。一个小洞,补上了照样可以玩,孩子嘛,给他讲清道理就行了,何必那么过于严厉。"我笑着说道。"不严厉不行,否则他会变得无法无天了。"李老师说。

这虽然是一件小事,却使我对小强强及他所得到的教育有了一个较为具体的认识。小强强之所以有胆小、自私的表现,都可以归之于他父亲的态度。

4. 防止幼儿产生害怕心理

害怕心理大约在出生后的第六个月发生,这是由于突然遇到强烈的刺激,

心理失去平衡所发生的情绪反应。孩子年幼无知,受到恐吓就会产生害怕心理,这种情况大多是大人,尤其是家长造成的。当孩子不听话或不顺从大人意志时,许多家长为图省事或无能为力,喜欢用绘声绘色的恐吓方法使孩子就范。例如,"大老虎来了","警察叔叔来了",类似这种情况的家庭是屡见不鲜的。

孩子看到父母可怕的面孔和听到阴森恐惧的语调,只知道害怕,而不知道为什么可怕,这种害怕心理对孩子的身心发育不利,而且使他们对外界产生错误认识。事实上,任何东西一经歪曲形象后都可以用来恐吓无知的孩子。

5. 孩子需要得到成年人的及时帮助

现在的孩子在得到铺天盖地的爱的同时,也越来越失去了随心所欲地玩的自由。在得到大量玩具的同时,却失去了与父母拥抱、游戏和谈话的机会。在幼儿园,教师与孩子、孩子与孩子之间有时会有一些问题发生,如受到批评,不能与小朋友友好相处等,这些都是使孩子产生压力感的原因。

孩子感到压力时,由于语言表达能力有限,往往无法清楚地讲出来,因此他们有时无法得到成年人的及时帮助。所以,当压力过大或持续时间过长时,孩子会产生诸如抑郁、厌食、睡眠障碍等生理或心理问题,这些将损害孩子的身心健康。

6. 如何了解孩子的压力

当孩子面临压力时,行为方面常表现为爱打人,故意损坏东西,甚至爱说谎话。情绪上常表现为爱哭闹、不讲理,常感到害怕而纠缠着大人,睡眠不稳,从睡梦中突然惊醒。身体反应是经常持续眨眼睛、咬指甲、挖鼻孔,面部或四肢肌肉抽动等。精神反应则表现为注意力不能集中,爱忘事,说话含糊不着边际等。

发现孩子出现上述某些反应时,家长不要在孩子面前表现出紧张或焦虑,应静下心来,帮助孩子自然地解除压力。当与孩子交流时,认真观察孩子的每一个细小变化,理解孩子的内心感受,这样可能会找到一些使孩子感到压力的原因,从而帮助孩子减轻或解除压力。如果通过各种方法仍然找不到原因,干脆就把重心放到消除压力的技巧上。例如,可给孩子纸笔,让他随心所欲地画;给孩子一个故事开头,让他续编故事;让孩子提出游戏的内容和玩法,和孩子一起玩,等等。

7. 孩子脾气大如何面对

婷婷是个女孩,刚满1岁,一直以来脾气都比别的宝宝大,稍有不顺心就发脾气、哭闹、尖叫,爸妈觉得她还小,好像跟她讲道理她也听不懂,只能由着她性子来,有句老话说"3岁看大",妈妈担心照这样下去宝宝长大后脾气会很坏,像这么小的宝宝该如何引导比较好呢?

当孩子的需求得不到满足时有情绪无可厚非,发脾气、哭闹、尖叫是他发泄情绪的最有效,也是最容易把握的一种方式。刚满1岁的孩子注意力很容易被转移,父母无需跟他较劲,直接通过别的事情转移他的注意力往往就可以见效。不管多大的孩子,建议家长都应该尽量少跟他较劲,不要急躁,甚至动怒。家长情绪一起来,孩子就很难平静,就相当于在他原本就有的负面情绪上面叠加了一个恐慌的情绪。

孩子发脾气的时候要分清楚他因何发脾气,他的要求是否合理,是否突破你的底线。如果突破底线,就要坚持原则,不能因为他哭闹就放弃原则。

8. 孩子总喜欢打人、咬人

孩子总喜欢打人、咬人,最常见的原因可能是孩子对小朋友的安全感建立

得不好。所以一有小朋友到身边去,他就会觉得受到威胁,然后主动进攻。如果有这种情况,妈妈应多帮助孩子建立安全感,多帮孩子交些好朋友。比如,做了小饼干,有了水果或其他小食品都分成几份,带着孩子送到小朋友家,有好吃的也叫到家里一起吃,或拿到别人家吃。礼尚往来,这样关系越走越近,孩子的感觉也越来越好。

其次,打是排除的意思。有时孩子想按自己的想法做事,可小朋友们总是做些他不喜欢的事情,他想把这个事实排除掉。例如,他拿个小碗,再用土来玩做饭游戏。小朋友过来就往他的碗里放土,但他不想这样,因为破坏了他原有的计划和目标。他对小朋友嚷,但人家不听,他嚷了几次,发现不管用,就会动手打人了。家长发现这种情况应加强用语言来解决问题,教他用语言来向别人表达思想。妈妈可以告诉他,如果你不喜欢人家这么做,你可以直接教他对别人说"不喜欢你往碗里放土,我正在做饭"! 然后告诉他,打人无法解决问题,打人是不好的行为,他就明白了。

如果家长有打人的行为,即便是以轻打屁股来逗着孩子玩,孩子也可能会把所得到的"待遇"反加到别人身上。如有这种情况,家长要反思自己的这种行为,并应即时改正。

无论怎样,爸爸妈妈都应把握一个原则,在纠正孩子错误时一定让孩子知道爸爸妈妈是爱他的,他永远都是好孩子,一时行为不对,不能就说他是个坏孩子。

9. 跌倒自己爬起来

跌倒了,孩子一定有能力自己爬起来,父母和周围的人应该学习耐心等待,鼓励孩子自己爬起来,这才是真正的关爱。当孩子跌倒了,父母惊慌失措,急忙把他抱起来,孩子学会的只是依赖。从 3 岁开始,父母应当有意识地训练孩子的独立自主,坚强刚毅。

在孩子成长的过程中,孩子终归有面对失败的时候。当孩子年纪还小,多数家长往往一笑置之,抢着帮孩子处理问题,认为他的能力还不足以完成这个任务,等再大些,才能够胜任。聪明的家长确有着大胆而负责的主张,他们常常会让孩子做些力所不能及的事情,面对失败,只有经历过失败,才能享受到成功

的喜悦,也只有一步步成功,孩子才能真正地长大。

10. 从吸吮手指看宝宝成长

通常新生儿只会双手握拳,胡乱挥舞,其大脑尚不能指挥把自己的手放入嘴中。到 2～3 个月时,随着大脑的发育,婴儿逐步学会用眼睛盯着自己的手看,另外便是吮吸自己的手指。

婴儿时期吮吸手指是婴儿智力发展的一个信号,是婴儿进入手指功能分化和手眼协调准备阶段的标志之一。起初他们只是将整个手放到嘴里,接着是吮吸 2～3 个手指,最后发展到只吮吸 1 个手指,从笨拙地吮吸整只手发展到灵巧地吮吸某一个手指,这说明婴儿支配自己行为的能力大有提高,它为今后宝宝学会准确抓握玩具打下基础。

吸吮手指是宝宝自我安慰的需要,从出生到 1 岁,为儿童心理发育的口欲期。这一阶段,口腔是满足孩子各种欲望的主要途径。也可以解释为,吸吮自己的手指是一种"自慰行为"。如果口腔活动得不到满足,宝宝就会吃手进行自我安慰。很多妈妈看到宝宝吸吮手指的第一反应是阻止。其实,吸吮手指不会给孩子造成什么大的危害,吸吮手指可以视为是宝宝对爱的呼唤,他需要爸妈在他身边,他需要得到妈妈的爱抚。

如果你家有个爱吃手的宝宝,在最初几个月不要强加干涉,干脆让宝宝吃个够。满 4 个月以后,添加辅食时尽早给孩子一些比较硬的食物,如烤面包片等,这样既可以满足宝宝口腔活动的需求,又可以刺激牙龈。对大些的宝宝,在孩子吃手的时候不要去斥责,多和孩子在一起或是用玩具转移其注意力,逐渐减少吸吮手指的频率。

11. 拿走和替代

如果你的宝宝把一件件玩具从儿童餐椅上扔下去,他真实意图只是想看看会发生什么,而不是想让你不高兴或想弄乱家里干净的地面。如果你的小家伙要抓某件危险的东西时,你肯定也不会无动于衷。在这种情况下,先把危险物品拿走或把宝宝带离,然后给他一个安全、不太脏、破坏性小的替代品,就让他尽情地去尝试吧。

一个8个月大的宝宝一直在抓你心爱的项链,还咬上面的珠子。你不要听之任之,也别从他手里把项链拽出来。相反,解开项链,放在一边,简单地告诉宝宝珠宝不是用来咬的。然后给宝宝一个牙胶环或其他可咀嚼的玩具,对他说:"这个可以咬。"要把你正在做的事情解释给宝宝听,哪怕他还太小,不能真正明白。这堂规则基础课是十分必要的,应当告诉他某些行为是不被接受的。

四、儿童的智力发育

1. 儿童大脑是如何发育的

每个脑细胞或者说神经元,其形状都酷似一棵树,有两个分叉的末端,有一个叫做"树突"的根系,它可从成千上万的其他神经元那里接收信息,还有一个称为"轴突"的输出端,它向外伸出以便将信息传递给成百上千或更多的神经元。一个人大约有100亿个脑细胞,只需在胎儿期5个月就可以达到这一数目。因此,一个孩子的大脑中差不多有10的15次方个突触或连接,其中每一个都有可能被孩子的经历所改变。

神经学专家们发现:婴儿出生时的突触连接只有成年人的1/10,到3岁时,孩子的突触连接几乎是成年人的2倍——估计有100万亿,到14岁时,孩子的突触连接数量又回落到成年人的水平。这是因为过多的突触连接实际上会降低大脑处理信息的速度。事实上,只有在那些有经验输入的区域,那些使用过的突触才能存活下来;另一方面,孩子自身的体验和经历又决定哪些连接被使用。

2. 一个了不起的小脑袋

当胎儿呱呱坠地时,脑中那些支配人的呼吸、心跳、运动等神经系统已完备,可是,那些支配人的会话能力和推理能力等高级功能的神经系统还处于未开发状态。婴幼儿以后的种种经历,是促使这些神经系统生长发展的主要因素。

大脑顶叶皮质对语言、视觉空间和躯体感觉功能具有重要作用。额叶皮质具有多种感觉功能,而且对于运动、情绪表达及语言表达(左侧)都有重要作用。

当新生儿出生时,顶叶皮质的神经系统已基本完备,并能基本控制新生儿的手脚活动。当新生儿长到2～3个月的时候,顶叶皮质开始活动。因此,婴儿的眼和手的配合就更加灵活,还可识别物体。

大脑额叶是保证人的意志行为的器官,额叶皮质要等到新生儿长到1岁左右才慢慢发展,因此在行为发展过程中情绪不稳定,随意性较大,特别是对幼儿来说,更不易控制自己的情绪和行为,往往遇到不顺心或不乐意的事,情绪就低落,就不愿意做事或半途而废。随着额叶皮质的发展,婴儿的会话能力和推理能力也开始得到发展。在平常的教育过程中,做父母的要把握孩子的这些生理和心理上的特点,注意把孩子的兴趣爱好与一定的行为目的结合起来,把对孩子的教育寓于孩子的玩乐、兴趣中去。

3. 早期大脑的可塑性

虽然孩子的所有脑细胞都是在妊娠中期形成的,但孩子大脑中突触的数量在出生后增长最为显著。事实上,儿童会产生过多的突触。通过这些过量产生的突触,大脑创造了一个用以选择那些最有用或最活跃连接的机会,尽管大脑在人的一生中都具有可塑性,但由于有这些可从中选择的过剩突触,因此在儿童早期可塑性要强得多。的确有充分的证据表明,突触生产过剩或者说"旺盛"的阶段恰好对应于孩子智力发育过程中的几个"关键期"。

唱歌、讲话和朗读给宝宝听都是刺激他们感官的理想方式。因为宝宝具有高度发达的前庭系统,它是控制人体平衡感的传感网络,因此婴儿对运动,如轻拍、摇摆及被抱着,也会作出很好的反应。

4. 如何促进宝宝的大脑发育

在培育孩子发育中的大脑方面,即使最奇特的玩具也不如慈爱的抚育者的笑容或抚摸更有效。从这个角度来看,在教育上最重要的是不要胡乱给孩子灌输术语和公式,而要诱导他们自由地发挥出潜在的能力。对于孩子来说,最佳的诱导方式当然是做游戏和与孩子相处的每一个细小生活细节。

最有效的教育方法是给孩子讲故事。听故事不仅可以锻炼孩子的记忆力,而且能够启发想象力,同时也扩展了他们的知识面。给孩子传授知识,死板地

灌输效果往往很差。用孩子们喜欢的方式教,他们不但愿意接受,而且容易记住。

促进孩子大脑发育的方法还有很多,其中简便和行之有效的方法就是让孩子的手动起来,孩子的大脑活跃程度取决于孩子手指尖的动作,动手的同时脑子一定也在动,不断的动作,大脑的发育就不会停顿下来。

孩子的动手操作使儿童肌肉和肢体动作协调,手脑并用,促进身心协调发展。通过儿童自由选择动手,独立操作,专心致志,从而磨炼了意志,增强了自制力、勇气和自信心,同时也满足了自己的心理需要。一些有经验的家长总是设法让孩子的手动起来,如拿一个拨浪鼓让宝宝摇或是拿一张纸让宝宝去撕。

5. 宝宝大脑发育的起点

观察发现,视觉可以说是大脑发育的起点,在婴儿生后几分钟内,当妈妈紧紧注视着婴儿的时候,婴儿滴溜溜转动的眼睛会突然停止转动,一瞬间只朝着妈妈的脸庞,这时孩子视网膜上的一个神经细胞就与其大脑皮质的另一个神经细胞联系起来,此时妈妈面部的影像已在婴儿的大脑中留下一个记忆。当婴儿听到"妈"时,他耳朵中的一个神经细胞就会释放出一种称为"神经递质"的化学物质,将"妈"这个信号传送到听觉皮质的一个神经细胞,从此"妈"这个声音就在孩子大脑的一组神经细胞中永久记录下来,而这个细胞将永远不会对其他声音作出反应。

3个月时,婴儿视觉皮质的细胞联系达到最高峰,3岁以后大脑的这种发育停止。虽然这并不意味着大脑发育的过程完全停止,但此时大脑本身的复杂性与丰富性已基本定型。用计算机术语来形容,就是"硬盘已格式化完毕,等待编程"。在今后的年代里,人们只有将就着使用现有的大脑了。

6. 大脑发育的精神食粮

宝宝大脑的正常发育需要刺激,在宝宝成长过程中大多数常规的抚育行为都提供了最理想的刺激,包括大人的脸部表情、说话声音及触摸等,并且正是通过互动,他们才会获得最佳的学习效果。

训练孩子的头脑,莫过于语言。通过自己的语言、表情、动作把母爱传递给

孩子,使孩子产生积极的情绪,感到周围温暖、安全,孩子才会主动适应并探索外界环境,以发展自己的智能。同时认识周围的事物,接触周围的人。

找声源是一种非常好的游戏,同时也是刺激宝宝大脑发育的训练方法。比如,父亲在门外按响门铃,妈妈抱着孩子在室内寻找,口中还应不断地问孩子:"宝宝听听,什么东西响了,在哪儿呢?"同时可以指2~3个地方,仔细听听,没有声响;最后走到门口,让孩子再听听门铃响,并打开门看看爸爸按门铃和门铃响之间的关系,告诉他门铃是有人在按,表示请你去开门,之后让爸爸走进屋来。这个游戏可以反复玩,也可以变换角色,让妈妈抱宝宝在外边按门铃,让爸爸来开门。

7. 0~3岁孩子记忆的奥秘

其实,孩子出生不久就开始表现出自己的一些能力了,这就是为什么小婴儿虽然不会说话,却能记住父母的音容笑貌而会认生。因为小脑袋里主管视觉和听觉的皮质,也是属于最早发育的区域之一,并在婴儿3个月大的时候就可以达到最高的水平。随着宝宝慢慢长大,他会自然获得记忆力,如果能有目的、循序渐进地进行教育,宝宝的记忆潜能会得到很好的发挥。

宝宝最容易记住什么呢?当宝宝听到儿歌或者故事的时候,特别容易记住最有感情的歌词或句子,如果表演者再配以动作手势,更容易使他记忆深刻。或许你还不知道,这种情绪性的记忆力大约开始于出生6个月时,甚至还可能更早呢。对于使他高兴、悲伤或气愤的事情或情景,以及其他容易引起情绪反应的事物,特别容易记在心上。宝宝脑中记忆内容的长短会受各种因素影响,这一点跟成年人相似,越是让他印象深刻的人、事、物,越能让他记忆持久。

在出生后的6~8个月,婴儿大脑里主管语言区域的"突触"数量就能逐步达到峰值,他们可以从多种语言中觉察出基本声音来。在这一期间,如果孩子的成长环境过于单一,到了1岁左右时,此技能的优势就可能失去。

8. 左右脑的分工

人类大脑分为左右两半球。左半球——左脑,拥有语言中枢,能操纵语言,读解文字、数学,写文章,能将复杂事物细分为单纯要素,有条不紊地进行条理

化思维。右半球——右脑,具有鉴赏绘画、欣赏音乐、凭直觉观察事物、纵观全局、把握整体等功能。用大脑生理学理论解释,右脑具备类别认识能力、图形识认能力、空间认识能力、绘画认识能力、形象认识能力。

儿童在其左脑定型之前,语言中枢尚未完全成熟,几乎全部是以右脑为中心来观察、分析事物的。有鉴于此,选择社会性的内容,运用图像、表演、操作等方法来活化右脑,可以减轻左脑的负担,促进幼儿左右脑平衡发展,达到智力开发的目的。

五、语言与阅读的能力

1. 宝宝什么时候用肢体语言交往

宝宝的人际交往首先体现在宝宝与妈妈的交往中,宝宝6个月的时候就会张开双臂、身体扑向亲人,寻求亲人的搂抱,开始用肢体语言交往。7~8个月时,宝宝会以拍手和笑脸表示高兴,点头表示谢谢,摇头表示拒绝。9~10个月时,宝宝会用小手指向自己想要的物品,或者用手势来表达自己的其他想法。11~12个月的宝宝除了体态语言外,开始越来越多地使用简单语言来表达自己的愿望。

正如其他方面的发育一样,每个宝宝的语言发育状况不尽相同,个体间也存在很大差异。在宝宝学会说话前,他们还没有足够的表达能力来顺利传递信息,只能靠面部表情和肢体语言来表达他们的一些想法和意愿。年轻的父母在与宝宝的互动中自然而然就掌握了一些孩子肢体语言的表达方式。

2. 语言发育与智力潜能相辅相成

1岁内的宝宝尽管不能很流利的说话,但是已经为以后的语言发展打下了坚实的基础。宝宝通常在3个月的时候已经能够笑出声音来,到了5~6个月时已经能够发单音,7~8个月已经发复合的音节。1岁内的宝宝对汉语拼音当中的四声的辨认非常的清楚,对于汉语拼音当中的元音的发音已经很成熟了。

3岁以内是口头语言发展的关键期,不要错过这一黄金时段!

孩子的话就犹如为大人打开了一扇窗,让我们可以看见孩子心中那纯真而斑斓的世界。也许由于妈妈对孩子讲话不断地给予肯定的支持,孩子的语言发展速度非常快,也非常爱讲话。每天换尿不湿、吃饭的时候、洗澡的时候,只要宝宝想说,妈妈都应认真地倾听,认真地回复。而从不间断地重复使用言语中,孩子也在品味自我成长的喜悦。

为了发展婴儿的语言和表达能力,大人应多跟婴儿接触,经常与孩子"说话、提问",引逗他们发声和发笑。家长经常跟他们讲话,或给他们唱唱歌,一方面进行感情的交流,一方面可使他们听到各种日常用语。还可教孩子辨别各种声音,这样多与婴儿交往,不仅使他的语言表达能力和理解能力得到发展,同时能使他获得一种身心健康发展的重要环境。不但孩子身心感到舒适、愉快和满足,而且婴儿的智力潜能也得到发展。

3. 前语言期的准备

语言的功能是与人交流,那么首先在家里,一些聪明的家长深知语言作为交流工具对孩子的重要性,从基础发音开始,反复训练孩子,逐渐到词、句。

孩子1岁以前,妈妈就喜欢和他说话,喜欢说出孩子接触到的各种事物的名称。当孩子在桌子附近玩耍时,妈妈就亲切地叫着孩子的名字:"川川,看看这是桌子,桌子是蓝色的。"小川川听见妈妈的话,眼睛一闪一闪地看着妈妈说的这个方方正正的大东西,小脑瓜里印下了"桌子"这个词。虽然川川不一定马上重复妈妈说的话,但渐渐地理解了。有时,妈妈会用语言让孩子去完成一个小任务,比如"川川,给我拿一个球",川川会乐颠颠地去把球递给妈妈。这种在前语言期,和宝宝充分交流的方式,既让宝宝提前做好了开口说话的准备,又让宝宝感受到了妈妈的关爱。

4. 不再仅仅是模仿大人的语言

当乐乐刚刚牙牙学语时,由于发声和使用词语还都不熟练,往往用眼睛望着你,小手拉着你,想把你往某个地方领。这时爸爸就会问:"你想要什么?告诉我,你想要什么?"然后爸爸指着乐乐想要的东西,告诉他:"苹果。"乐乐模仿

着:"苹果。"孩子在学习语言时经常会有创造性的用法,让大人时而捧腹大笑,时而为童语中诗般的韵味而折服。

乐乐现在3岁多了,开始动脑筋了,一下子感觉长大了很多。语言发育的时间表也到了一定的时间段,不是一味地模仿大人了,而是开始思考着说。周末到附近公园玩时,爸爸为乐乐捡起一片大大的杨树叶,乐乐拿在手中举过头顶说"下雨了,打伞",又从地上拾起一片小些的树叶拿在手中,乐乐小心翼翼的,说:"这是小碗。"

动脑筋的乐乐也会为自己找借口了。在路上正走着走着,他如果不想走,便会找出各种理由让抱着,"这路不好走","有水"等。有时,乐乐想要玩一个玩具,她不是像以往那样,而是婉转地问爸爸:"小飞机高高的,好喜欢!"爸爸骑车时,遇到不太平坦的路,乐乐总会递上一句,"爸爸慢一点,这个地方不好走"。

5. 家有不会说话的孩子

张阿姨的宝宝现快2岁了,还不怎么会说话,教他他也不说,妈妈到处打听是否有什么问题,应该怎么样处理呢?

在生活中,快2岁的孩子还不怎么会说话的情况常常见到。孩子语言的发展有自己独特的时间表,这与他生理发育程度及语言环境如何有关,快2岁的孩子会说些简单词汇就算正常了,不用过分担心。

孩子学习语言应当从听入手,通过听,他接收到大量的语音信息,然后才能

在日常生活或游戏中将这些语音与其实际意义联系起来,变成语言。等积累到一定程度之后,他自然会爆发,叽叽喳喳说个不停。平时注意营造一个丰富有趣的语言环境,多和年龄相近的宝宝一起玩耍,这样通过模仿会让自己的孩子得到比较多的语言学习机会。

但有一点必须牢记,宝宝语言发育的快慢与成熟程度有着比较大的差异性。在语言训练中,要有足够的耐心、信心与恒心,相信孩子一定能够获得良好的语言能力。要注意避免急躁情绪,也不能迁就、放任孩子,以免影响孩子智力与社交能力的发展。

6.“口语语言”与“书面语言”

有的孩子从小聪明伶俐,与外人交流起来十分自如。但当上学后却发现孩子阅读有困难,不喜欢看书,读起书来结结巴巴,而且常常念错行。这可能与孩子婴幼儿时期“书面语言”锻炼机会较少有关。孩子小时候都喜欢看漫画和看电视,他们所接触的语言是“口语语言”。如果孩子从小只接受口语语言而不接触书面语言,到上学时阅读恐怕会有困难。

练习书面语言,靠的是大人经常念书给孩子听。父母保持念书给孩子听的习惯,孩子接受书面语言的能力会提升,阅读能力也比较好。另一方面,由于平时已习惯了书面语言的用词用字,写出来的东西,通常也会是书面语言。

7. 阅读能力从耳朵开始

建立幼儿阅读能力的基础是从耳朵不断累积词汇开始,而不是让幼儿提早识字、看书。母亲抚育婴儿时,不论喂奶、洗澡、玩耍、哄睡,都一定要对婴儿说话,而不是默默地照顾。母亲所说的往往是一些没太大意义,甚至支离破碎的词句,但是这些话充满了深挚的母爱,温暖了孩子的心。当母亲不断与婴儿沟通时,婴儿感受到母亲的心情,亲子之间就产生了交流,这正是人类的语言。

语言发育是在生活实践当中逐渐形成的,在1岁以内应让宝宝多听、多发音,宝宝说话往往是在1岁以后,我们只是给他多一点语言的环境。年轻的爸爸、妈妈应当用自己的声音和话语拥抱孩子,让他在温暖生动的话语中成长。亲子之间丰富的语言交流,是一个家庭最大的财富。

8. 和宝宝一起读书

和宝宝一起读书是一件很有意义的事,读时用手指字读,指一个字发一个音,停顿一下,再念下一个字。指字要指准,不要指在两字之间,让孩子既看又听。指读便于帮助孩子了解并且逐步认识字的音形关系,并懂得读书须读完一行再读下一行。如果孩子会说话,就让孩子跟着学读。发音不准确可以重点阅读,读得多了自然能够正确发音了。

和宝宝一起读书还可以用忽高忽低的声音、忽动忽静的物品引起孩子的注意。用字卡时要把字卡做大一些,最好用彩笔写。教字时,要以惊喜的口气,一边说一边拿出字卡,在他眼前绕一圈,吸引孩子注意力,再读出字音。另外,也可以拿孩子感兴趣的物品,如摇铃、花朵与字卡轮流出示,用孩子感兴趣的东西引来字卡,孩子也会像看摇铃那样看字卡,从而记住字的形与音。

图书中的故事基本是以图为主,为幼儿提供了生动的直观形象,鼓励你的孩子讲讲他最喜欢的故事。选择图文并茂的小故事,一边讲解图画,一边指着字读,既让孩子看,又让孩子听。拿一本孩子熟悉的书,通过问你的小宝宝接下来会发生什么事的方式来了解他的记忆能力。

9. 跟孩子阅读不怕反复读

阅读熟悉的故事书,大声地把故事书念给幼儿听,在耳濡目染之下,发展语言能力,进而也增强幼儿的记忆力,使其因此而终身受益。当孩子要求你一再重复读一本书的时候,他正在进行利用重复聆听,记忆故事的内容。虽然不断地重复相同的故事,并不会直接加强一个人的记忆力,但确实能够让你的孩子因此具备重述故事的能力。

为什么小孩子喜欢一直听同样的故事,看同一本书呢?这是因为他们还没有掌握这个新的信息,还不了解它,所以会一而再,再而三地重复读,从每一次的阅读中去构建更多的神经连接,引发更多的背景知识,从而达到理解。一旦孩子理解了故事,就像最后一块拼图放上去,完成这幅画了,他们就可以把这本书放下,去挑别的书来读了。因此,这种重复读一本书的现象多半发生在低龄幼儿身上,很少在大孩子身上看到。

六、家有害羞宝宝

1. 宝宝害羞的天生心理因素

随着孩子不断成长，心智发展的成熟度会有所差异。年龄小的孩子，在面对不熟悉的人群或环境时，很自然地会害羞，这属于正常的表现。但年龄较大之后，若孩子仍然经常害羞，就应该提供适当的协助来加以改善。

研究发现，害羞的孩子在看到新面孔或是新环境时，相比于其他不害羞的孩子，其脑部杏仁核区域会显示出相当大的活动量。由此可推断，害羞和先天气质有关，孩子一出生时就已经具备了这种差异性。有些父母本身就具有害羞的气质，除了可能遗传给孩子之外，由于父母的社交活动本来就比较少，自然而然地也会剥夺孩子与外界环境接触的机会，造成孩子对外在环境感到十分陌生，产生不良的影响。

2. 生活经历对害羞心理的影响

造成孩子害羞的原因，还可能是曾经拥有过不愉快的经验。例如，孩子在跟别人互动过程中，或在接触新的人群、环境时，出现一些不好的感受，就可能促使他们去逃避这些环境，进而引发出害羞。孩子的害羞气质，对未来的学习或职场表现，都会产生或多或少的影响。像是在学校里，孩子可能因为害羞不敢发言，无法给老师留下深刻的印象。同学间的相处，也容易被误认为是态度冷漠、孤僻，从而造成人际关系紧张。

为了避免孩子容易害羞，父母可以在孩子1～2岁的时候，积极去营造孩子与人相处的机会，并建立愉快的经验，如此便可减少孩子出现害羞的心理。1岁以前的孩子不太会认人，情绪表现也不够细腻，很少会出现害羞的问题。而1～2岁的孩子，因为开始有机会接触新环境、新人群，可以去分辨熟悉或陌生，在这个时期害羞是很正常的，随着年龄增长，害羞的情形也会慢慢改善。

3. 过度保护导致孩子胆小怯懦

有些孩子由于家庭环境狭小或从小由爷爷奶奶照看,很少带孩子出去玩,接触外人也少,依赖性较强,因此不能独立地适应环境。这样的孩子生人一抱他就哭闹,一见生人就躲藏,碰上新环境更是胆小。

有些孩子如哭闹或不好好吃饭,家长就用孩子害怕的语言并作出可怕的面孔来吓唬孩子,还有的孩子不睡觉,大人藏在门后学老猫叫。有的孩子想玩泥巴,家长怕孩子弄脏衣服,就说"有虫子咬你的手"。用这些恐吓孩子,从而使孩子失去了安全感,而形成胆小怯懦。日常限制过多,如到公园时去玩耍,不让孩子去爬山恐怕摔下来,不让孩子去湖边玩,怕掉下去等。造成孩子从尝试与实践中获得知识的机会比一般孩子少,生活的经验也不丰富,这也造成胆小怯懦。

对于胆小怯懦的孩子,随着年龄的增长,给孩子创造比较多的机会与外界的事物多接触,多认识世界,多与小朋友交往,正确地对待失败与挫折,鼓励孩子去探索与尝试,从实践中培养孩子的勇敢精神。

4. 改善害羞气质的教育原则

增加孩子的社交活动,让孩子有较多与他人相处的机会,是加强社交技巧的好方法。父母可以邀请亲朋好友带孩子到家里做客,让孩子们彼此有更多的互动,以此让孩子熟悉与他人相处的情境。容易害羞的孩子,通常会比较在意他人的眼光,担心自己的行为会不被认同。因此,当孩子试图表达时,父母应给予足够的鼓励和赞扬,让孩子勇于继续向前,去面对新的环境、新的人群。父母应该适时提供机会,让孩子试着独立去完成工作,凡事都试着让孩子处理,而不是过度地保护,如此才让孩子拥有某种程度的自主权,产生被信任的感觉,建立自信心。

害羞和自卑感有一定的联系,为了使孩子对自己有更多正面的肯定,父母可以尽量引导孩子去发挥其专长或优点,并给予肯定和赞扬,让孩子有更多的勇气去表现自己。多一份关心和体谅,当孩子需要面对新的环境或人群时,如上幼儿园、参加聚会,父母应该先帮助孩子做一些心理准备工作,让孩子提前熟悉新生活,以减轻担忧、紧张的情绪出现。

5. 接纳性格内向的孩子

小家伶 3 岁多,性格很内向,遇事总爱哭,每次看到她这样妈妈总控制不住发火。有时真是觉得自己心理方面出现了问题,看不得她哭,可越讨厌她哭她越哭,看看周围邻居的小孩都很活泼,就自己的孩子内向,有时被别的孩子打了也不会还手,甚至连避开也不会,只会站在那里让别人打。有时妈妈发完脾气,对着孩子一顿大骂后又心痛后悔。

孩子在外面被打,内心本已经很惶恐了,回到家还要受训斥,甚至挨打,孩子能从哪里获得正面的积极的心理能量,让他内心变得强大起来呢?不管他是个什么样的孩子,都接纳他,无条件地爱他,他才能从父母这里感受到爱与关注,他才可能变成一个安全感十足的孩子,才能勇敢地走向社会。面对这样的孩子,爸妈更要多花点时间陪伴孩子,和他开心地游戏,他自然就会变得快乐,一个快乐的孩子更招人喜欢,被欺负的几率也更小,内心会慢慢变得强大起来。

七、心理障碍与教育方式不当

1. 儿童心理健康的"营养素"

最为重要的精神"营养素"是爱,爱能伴随人的一生。童年时代主要是父母之爱,童年是培养人心理健康的关键时期,在这个阶段若得不到充足和正确的父母之爱,就将影响其一生的心理健康发育。爱有十分丰富的内涵,不单指情爱,还包括关怀、安慰、鼓励、奖赏、赞扬、信任、帮助和支持等。

精神"营养素"还包括宣泄和疏导。宣泄和疏导都是维护心理平衡的有效办法。儿童心理负担若长期得不到宣泄或疏导,则会加重心理矛盾,进而成为心理障碍。

善意和讲究策略的批评也是重要的精神"营养素"。它会帮助人们明辨是非,改正错误,进而不断完善自己。此外,让孩子适当的身处逆境、遭受一定的挫折,也是儿童心理健康的一种特殊"营养素"。

2. 做个心有灵犀的妈妈

每个宝宝有他自己的喜好,每个宝宝都是独一无二的小人儿。那些追在后面给孩子喂饱饭的妈妈,其实是那些总在孩子很忙、不需要他们的时候出现,而需要他们的时候却又不在身边的妈妈。年轻的爸妈或是爷爷奶奶,你们有这种情况吗?

有权威机构针对育儿方式的影响做了大量研究发现,影响力特别大的是妈妈或者看护人的"灵敏度",即她是如何和孩子的生活经验达到和谐状态的,当孩子需要帮助的时候,妈妈就会出现在他们的身边。比较灵敏的妈妈能感受到孩子的需求、心情、兴趣和才能。研究人员解释,她的这种感受,能指导她如何和孩子互动。相反,有一个情绪压抑或总是处于焦虑状态的妈妈就很糟糕,因为压抑或焦虑的情绪会阻止妈妈与孩子达到良好的沟通,正是这些压抑、焦虑、暴躁淹没了妈妈内心的灵犀。

父爱的核心如同母爱一样,都是亲情和无私的关爱。父亲若能在孩子出生后一年内积极参与抚育孩子的工作,由于多了一份亲情和理解,就能为孩子接下来的数个发展阶段奠定良好的管教基础。孩子会尊敬你,会把你当成一位可信任的权威人物,孩子会自然而然地变得听话了,只有父亲付出了,才能有所收获。

3. 问题儿童与问题妈妈

在实际生活中我们常看到,即使那些一生下来就存在某些问题的儿童,如果他们父母的性格、家庭气氛、经济条件等成长环境比较好的话,在他们身上存在的这些问题,就决不会发展成为一种疾病。反过来说,有些孩子即使在出生的时候十分正常,可是如果他们成长的环境比较恶劣的话,也可能会出现问题。这一点在理解孩子的行为方式和成长过程中十分重要,与其说孩子是问题儿童,不如说是问题爸爸、问题妈妈。

相信年轻的父母都有着一颗致力于要教育好自己孩子的爱心,这就需要具备明确的育儿理念和坚忍不拔的精神。由于社会上没有人去监督父母们如何培养孩子,父母们有绝对的自由,即使该做的不做,计划好的事不实行,任意变

更计划，那也绝不会受到制裁。所以，当孩子们给爸爸妈妈带来烦恼的时候，年轻的父母应当随时审视自己的做法，认真观察、耐心倾听，从孩子那里同样会学习或感悟到许多东西。

4. 自尊心经常受到打击

王老师楼下住着可灵妹妹，她妈妈脾气急一些，经常打可灵，嘴里总是大声呵斥孩子不听话，一急起来就控制不住，打过孩子就后悔，后悔后还是会打，然后再后悔。有时王老师劝可灵的妈妈："为什么一定要孩子顺了你的意愿呢？"如果父母犯了错没记得，是不是也要自己打自己一顿让自己长长记性。

如果被打骂过的孩子变老实了，那是因为他们小小的心里充满了恐惧，而不是真正地理解了自己的错误。从这个角度来说，父母或教师对儿童的随意惩罚，使儿童学习到的是冲动的合理性，只有父母和教师的理智行为才能促使儿童学会控制自己。

由于幼小心灵经常遭到摧残，所以可灵也喜欢对其他孩子动手，暴力倾向挺严重，有的时候手里拿着凳子都会直接照着邻居小宝宝的头抡过去，反正手里拿着什么都会顺手挥过去，可灵咬人的事也经常发生。

经常打骂对儿童造成的创伤有立刻显现的，也有到了成人期才显现的长期

创伤。一个小孩在被虐待的家庭环境中成长,他长大后可能会认为整个社会"充满危险",一些孩子可能在长大后变得十分胆怯,不断逃避外界,不敢跟别人沟通,有强烈的自卑感。

一些家长也对孩子期望过高,什么都要求立竿见影,没有考虑到孩子的能力有限。"愤怒始于无能,终于懊悔",这是家长应该谨记的。一个孩子的自尊心如果经常受到打击,或者需求一直被忽略,他的"自我形象"就会受到负面影响。

5. 提防"精神虐待"

3岁的东东很喜欢吸吮手指。他的母亲看了很生气,用尽了各种方法来纠正,他还是改不掉。东东的母亲暴跳如雷,每次一看到东东吸吮手指,她就大声骂道:"如果你再咬手指,妈妈就离开这个家,不要你了。"东东吓得哭了,很怕妈妈真的离开他。他每天做噩梦,梦见妈妈丢下他。这就是精神虐待,东东就是一个精神虐待的受害者。他身上没有任何伤痕,但心灵已受到伤害。而妈妈在不知不觉中变成了"虐待狂"。在每个孩子的成长阶段,母亲的作用都极其重要,实际上,每位母亲都可以说是一位教育家。

人们提起虐待孩子时,往往会认为体罚才算虐待孩子,而忽视了精神上的虐待。精神虐待的危害有时会甚于肉体上受虐待,因为情绪和心理的虐待是隐性的,不像肉体虐待这么容易被察觉,对孩子会造成很深的精神创伤,严重的还会造成心理障碍。

许多非惩罚性的育儿方法,这些方法主要遵循以下两项基本原则:首先在纠正孩子错误之前,先去关心孩子。然后在纠正孩子的错误时,要把重点放在选择什么样的解决方法上。

6. 合理管教和精神虐待的区别

家长管教孩子是天经地义的事,在家庭构造和亲子沟通良好的健全环境里,偶尔的打骂不会使孩子产生心理问题。而合理的管教和精神上的虐待,其实并不难区别。如果一个孩子做不好一件事,父母亲一直骂他说:"你就是很笨。"对孩子作出人身攻击,贬低他的能力,这便是精神上的虐待。相反,如果父

母对孩子说:"这次没做好是因为你的眼睛没有注意前面的小凳子,所以摔倒了,以后我们不要跑得太快,眼睛注意看前面,下次一定能做好!"这是针对孩子行为的一种具体指正,属于合理的管教。

从生理学的角度进行分析,受到关爱的婴儿和受到虐待的婴儿,他们脑的发育情况完全不同。受到良好呵护婴儿的脑内额叶皮质能得到迅速生成发育,神经细胞的活动非常频繁。而受到虐待的婴儿,脑内额叶皮质的生成发育缓慢,神经细胞的活动基本处于停顿状态。因为额叶皮质与人的感知能力、感情智商及语言能力等密切相关,所以它的生成、发育对孩子将来是否能在社会上取得成功有着很大影响。

7. 严格而不专制

父母虐待亲生骨肉的情况,一般都是因为无法承受压力、控制不住自己的情绪,而对亲生孩子的肉体和心灵造成伤害。也有一部分家长是因为不懂得如何有效管教孩子,在情急之下伤害了亲生骨肉。

有些家长大多是运用自己父母管教自己的惯用方式来管教孩子。事实上,现时的社会、家庭结构,人们的生活观念和子女教育方式等每日都在发生着巨大的变化,陈旧的陋习与现代的文明已是格格不入。家长看到孩子不听话,就认定是孩子有问题,忽略了检讨本身的管教方式及对待孩子的态度。

教育的一个重要原则就是不蒙蔽孩子的理性,不扰乱孩子的判断力。所以家长在批评孩子时,总是晓之以理,绝不让孩子挨了批评却不知道为什么。即使父母的责怪和禁令是对的,也应该让孩子明白其中道理,否则孩子就会口服心不服。如果父母还没有搞清事实就错怪孩子,会使孩子的是非观念发生混乱。如果教育合情合理、不专制,孩子的理性和判断力就不会受到伤害。

8. 过于唠叨是对孩子的不信任

一对夫妻带儿子去沙滩上玩,孩子开始时兴致盎然地用一个小桶装湿沙子,想要扣出一个圆柱来。在旁边录像的父母不停地唠叨,你应该怎么装沙子,应该怎样倒,应该倒在什么地方,不应该这样,不应该那样……不到 10 分钟,孩子就不愿玩了。通过这么一个小小的生活场景,就知道这个儿子为什么不肯跟

父母沟通,因为他连最基本的自由都没有,在父母面前,他几乎不能从任何一件事情上获得快乐和自信。

太多的叮咛和嘱咐其实是一种大人对孩子的不信任,而一直在不信任的氛围下长大的孩子比较容易没有安全感和不自信。很奇怪,做了妈妈以后的女人真的会变得越来越唠叨,或许是因为每个子女都是妈妈的心肝宝贝,妈妈潜意识里总是有着牵挂和担心。但是,当妈妈对相同问题不断重复着同样的叮咛时,孩子就会慢慢学会左耳朵进右耳朵出。随着孩子长大,自主意识增强后,他们就会对那些父母不断重复的话产生厌烦,进而与父母产生代沟。

有经验的家长总结出一条小经验,"不管就是最好的管",就是要把自由和选择权交给孩子,而不是控制在大人手中。很多事情我们大人要学习相信孩子,学习了解孩子行为背后的原因而改善自己的引领方式,还要学习给孩子时间慢慢带领着孩子改正不恰当的习惯,这样我们就可以避免过多的唠叨。

9. 是谁摧毁了一个天才的生命

从桐桐刚刚出生之时起,就一直表现出超常的"才华"。然而,这个孩子的不幸正是由他的才华引起的。桐桐是一个开朗的孩子,喜欢把自己的快乐与他人分享。但他的性格却得不到父亲的认可。因为桐桐的父亲性格内向,不喜欢与人打交道,正如他自己所说,一个人应该谦虚,应该稳重,不要总是那么自以为是。

"桐桐,你又在嚷嚷什么?"当一天桐桐正在高声欢笑时,爸爸问道。"爸爸,我又读完了一本书。"桐桐高兴地对父亲说。"读完一本书是很平常的事,你用不着那么高兴。"爸爸回答。"可是,这本书的故事非常有趣。还有,我居然能把这么难懂的书读完,我很棒吧!"桐桐说道,似乎正在等待着父亲对他的肯定。爸爸却突然发怒:"你吵吵嚷嚷的干什么? 你以为只有你才有这个本事吗? 这么一点点小的进步就骄傲自大。你是在等待着我的表扬吗? 告诉你,我永远不会表扬你。""不要成天叽叽喳喳的,这让人烦透了",爸爸说完"砰"地一声关上了房门。桐桐伤心地哭了,他不明白父亲为什么这样。他本想和父亲一起分享自己的快乐,还想向父亲请教一些他不明白的东西。可现在,他发现父亲并不喜欢他这样。

突然之间，一种极坏的感觉涌上了心头，他的快乐和自信被另外一种东西所取代，我是个很糟糕的孩子。从此，桐桐脸上常有的笑容逐渐地消失了，他不乐意再见到爸爸，他完全变成了另外一个人。

10. 在家里"称王称霸"的孩子

在家里"称王称霸"，到了学校却不敢说、不敢做，对于刚上小学的孩子来说，这样的情况比较多见。上学后，面对的是一个崭新的环境，周围都是新同学，有的孩子就会出现不适应，容易出现羞怯、不安的情绪。这样的孩子往往遇事犹豫、畏手畏脚，在课堂学习中缺乏自信，进而不能顺利地完成学习任务。

自信心是在日常生活的小事中一点一滴树立起来的。因此，在孩子上学之前就要有意识地培养孩子自信、独立、合作和坚毅的品质。孩子做事情、玩游戏的时候，家长要鼓励孩子尽量自己想办法克服困难，不要怕孩子失败，如穿衣服时，扣扣子、拉拉锁这些不起眼的小事情。另外，还要鼓励孩子与他人相处，孩子学前如能常和家庭外的成年人和儿童接触，上学后便容易和老师、同学相处。

八、如何对待好动的孩子

1. 如何面对好动、调皮的孩子

如何面对调皮的孩子，不要立刻限制孩子的活动。面对孩子，父母此时能做的也许只是需要一点点特别的关注。当你冷静下来后，不妨试试下面的方法。

选择一个玩具，比如大皮球，让孩子到户外用力去踢，消除他们长时间的压抑心情。再有就是用音乐化解孩子的情绪，轻柔的音乐会使孩子的心情慢慢平静下来。

接触大自然，一开始的时候，可以去一些能吸引孩子兴趣的地方，用丰富多彩的大千世界吸引孩子的注意力。户外活动可以让小宝宝彻底地释放所有的精力。

让调皮的孩子多多动手,比如,和父母共同制作他最爱吃的巧克力饼干,当他发现将所有准备的食物混合,竟如同变魔术般地变成美味的饼干时,会引起他的浓厚兴趣,借此疏解他的旺盛精力。

2. 不要把孩子的活泼好动当成多动

多动与正常孩子的活泼好动是有本质区别的,前者时时处处都在胡闹捣乱,其多动完全是盲目性的。后者的活泼好动却可能是有目的性的,而且换在另一些场合如在陌生人面前,就可能安静下来。如何区别儿童的活泼好动与多动症,可从以下几个方面观察:

(1)是否有自控力:活泼好动的孩子虽然调皮好动,但他们一旦遇到感兴趣或新鲜事情,如看图画书时,便能集中注意力,安静下来,不受干扰。但多动症患儿无论在什么情况下,都无法长时间集中精力,即使在做很感兴趣的事情或游戏时,也难以坚持到底。

(2)做事是否有目的性:活泼好动孩子的行动常有一定的目的性,他们做事有意图、有计划、有安排。而多动症患儿做事易冲动,无计划,做事杂乱无章,常常有始无终。

(3)智力发展是否正常:一般来讲,好动的幼儿学习成绩差,往往是由于注意力分散,学习不太认真所致,只要能对其行为采取针对性的措施,就可以使其多动行为得以纠正。而多动症是一种轻微的心理疾病,它对幼儿智力与学习能力的发展都有较大的影响。

3. 不要轻易给孩子戴"多动症"的帽子

尽管某些儿童确实早在学龄前已显现出多动的苗头,学步期就手脚不停地吵闹,不肯好好吃、好好睡,上幼儿园后从来不肯静静地听老师讲课等。即便如此,也还需跟踪观察一段时间,至少到 6 周岁才能下结论。

面对许多学龄前儿童表现出来的种种多动症状,家长不应该急着给孩子定性,而是注意随时改进自己的教育方式,多发现孩子的优点,多给予孩子鼓励而不是更多的压力,要多与孩子沟通,及时了解孩子的困难,帮助孩子。许多家长动不动就训斥孩子,对孩子的苛刻要求会加重其行为问题的产生。所以降低期

望值，减轻孩子思想压力，是重要措施之一。

4. 哪些疾病会伴随多动症出现

一些患有多动症的儿童在掌握语言或学习技能方面同时存在困难，即伴有特定方面的学习障碍。由于它经常干扰精神集中和注意力，会使学习障碍患儿的学习变得加倍困难。

几乎近半数的多动症患儿在感觉到对自己不利时会过度反应或言词激烈。他们可能会很固执、爱发脾气、有攻击性或反抗情绪，有时这些会发展为更严重的行为异常。

有的多动症儿童会感到焦虑，即使在并没有什么可恐惧的时候，他们也会感到紧张和不安。由于情绪异常和注意力异常总是相伴发生，如果帮助患儿处理好以上这些感觉，将有助于他们治疗和克服多动症所带来的影响。

5. 转变对待多动宝宝的方式

佳佳5岁，一直被视为调皮的孩子，他讨厌上幼儿园，经常被强迫着去。曾有一段时间，在教室里，他总是显得焦躁不安，不停地踢着椅脚，只要有机会一定把教室弄得一团混乱。

在经历了一次次管教失败的教训后，佳佳的父母在一位有经验老师的建议下采取了新的方式来教导他。他们不再强迫佳佳乖乖地坐好不动，而是引导他，发挥他做动作的优势。佳佳的反抗慢慢减少了，对于需要动手做的课程兴趣越来越浓，老师的表扬一天天多起来，佳佳现在每天早上都迫不及待地要上学，突然之间，似乎一切都改变了。因此，那些被标上"多动儿"或"学习障碍"标签的小朋友，一旦将他们旺盛的精力运用到"他们的学习方式"上，便可能成为班上学得最积极，学得最快的小朋友。

对于一些好动的小朋友来说，身体是他们本能的学习工具。如果你的孩子明显地在肢体动觉智能上有过人之处，你可以在家里利用一些简单的运动和观念发挥他们与生俱来的天赋。让他们在人生的起点上能够有个好的开始，继而延续至日后的学校生活和未来人生的学习历程。

对于天生被赋予用不完的精力和高度肢体动觉智能的小朋友，也就是坐不

住的儿童来说,运用肢体进行学习的结果简直就像是在变魔术。对于这样的孩子不要总是试图让他们静静地坐在那里,让他们一动不动地练习写字或是绘画,而是根据孩子好动的特点让他们动起来,让他们运输玩具,搭摆玩具,帮助大人干一些事情,他们的"破坏力"就会转变成创造力。

6. 感觉统合是怎么回事

3岁的朵朵在父母、老师的眼里,是个心不在焉、不专心、不听指挥的孩子。大人和她说话时,她好像与己无关、毫不在意,必须要家长、老师一遍遍重复、一次次提高嗓门,她才像是如梦初醒,稍有反应。朵朵的记忆力很差,即使千辛万苦让她听明白大人的要求了,转眼间她又会忘得干干净净。奇怪的是,朵朵对那些不被注意的细小动静却很敏感,注意力常常被吸引过去。

邻居家壮壮快4岁了,从小就开始学弹钢琴、背唐诗、聪明活泼、能说会道,可是他脾气大、易受惊,在幼儿园里也坐不住,不认真听讲,注意力很难集中,学习新东西很快就会没兴趣。幼儿园里的小朋友还经常向老师告状,说壮壮老是欺负别人。妈妈为此十分着急,担心他得了多动症,可奶奶却说没什么大不了的,小男孩都调皮,上学后自然就会好的。

如果你的孩子也有类似的情况,请家长不要过多惩罚孩子。其实,这些孩子是患有感觉统合失调症,他们需要的是家庭、学校的特殊矫治和训练。

7. 感觉统合是人体活动的基础

大脑将视觉、听觉、触觉、味觉、嗅觉、运动觉、前庭平衡觉、本体感等身体各感觉器官传来的感觉信息进行组织加工、分析处理,使整个机体和谐有效地运作过程称为感觉统合。

大脑的不同部位,必须经过统一协调的工作,才能完成人类高级而复杂的认识活动,包括注意力、组织能力、自我控制、概括和理解能力。以宝宝击打一个运动的球为例,首先,我们的眼睛看到一个球体在向自己运动过来,此时,宝宝通过视、听、触等感官功能,在大脑里形成一个像警察一样的指挥者对宝宝的上肢、下肢和整个身体发出击打球体的指令。如果是进行模仿、舞蹈、计算等更加复杂的生理、心理活动,感觉统合协调性要求则更高了。因此,感觉统合是人体活动的基础。

8. 感觉统合失调的及时发现

我们身边有些孩子和同龄孩子比较起来显得特别胆小、黏人、敏感,或者老是坐立不安、拒绝与人接触,甚至有攻击性。其实,这些现象都与人体感觉统合协调性有关。

住高楼很难得到下楼活动的孩子,习惯于玩电子玩具,手指等部位的精细动作锻炼较少的孩子,没有经过充分爬行阶段就直接进入跑、走阶段,躯干、四肢及左右脑的协调能力没有得到充分锻炼的孩子,容易出现感觉统合失调。

这些孩子智力正常,但由于感觉统合失调,他们的智力水平没有得到充分的发展,对学习能力、运动技能、社会适应能力等方面造成障碍。这种现象如不及早纠正,势必会对孩子的成长发育造成影响。

针对这种情况,要提倡孩子多参加各种运动,勤动手、动脑,加强精细动作的锻炼。如果已经发生感觉统合失调,建议及早到正规的机构进行训练,越早进行训练,效果越好。

9. 感觉统合失调的矫治训练

平衡统合失调的儿童,在学习和生活中常常观测距离不准,协调能力差,手

脚笨拙,如常撞倒东西或跌倒。本体统合失调会让儿童在体育活动中动作不协调,如不会跳绳、拍球等。音乐活动中发音不准,走调、五音不全等,甚至与人交谈、上课发言时会口吃等。

(1)平衡能力训练:主要刺激大脑前庭平衡器官,选择项目包括大滑板、吊缆、大龙球、跳跳球、羊角球等。

(2)大肌肉动作即肌力训练:选择项目包括翻滚、爬行、滑板爬、趴地拍球、仰卧起坐等。

(3)节奏感训练:选择项目有平衡板、拍球、跳床、跳绳等。

(4)方向感训练:训练儿童指认上、下、前、后、左、右,并配合传接球。

10. 视觉统合能力训练

视觉统合失调的儿童,在学习时会出现阅读困难,如漏字窜行、翻错页码、计算粗心、抄错题目、忘记进退位。写字时常常过重或过轻,字的大小不一,出圈出格等视觉上的错误。

(1)视觉联想能力训练:有助于解决几何问题、应用题问题、形象思维等问题。

(2)视觉记忆能力训练:对于儿童辨认、思维、理解有很大帮助。内容包括注视、追踪、模仿画、卡片排列、看记符号译码等。

(3)视觉分辨能力训练:帮助抄写正确,提高速度,加快阅读速度。内容有辨认图形异同、仿画、点连线、迷宫、找相同、找隐蔽图形及镶嵌图形等。

(4)手眼协调能力训练:提高注意力和写作业的速度。内容包括跳绳、抛接球、拍球、模仿绘画等。

11. 听觉统合能力训练

听觉统合失调的儿童表现为上课注意力不集中、多动,平时有人喊他,他也不在意,好像与他无关。同时,这样的儿童记忆力差,对学习和生活都会产生不良的效果。

(1)听觉分辨能力训练:帮助儿童克服在课堂上"听不清"的情况,培养良好的倾听习惯。内容包括训练分辨声音的高低、大小、不同的音色,分辨相近的声

音等均可增强儿童听觉的分辨率。

（2）听觉记忆力训练：加强听觉记忆广度，促进新旧知识的联系，产生联想，加强对知识的理解力。

（3）听觉理解力训练：提高辨识声音及了解他人说话内容的能力。首先应帮助儿童建立倾听的态度，如服从口令，指出所听话语的错误等。然后做找图形、填数字等游戏，将所听信息与图画、动作配合起来，使意义更完整。

（4）听说结合能力训练：提高联想、推理、判定等能力。内容包括学说同义词、反义词、听音乐进行联想，补充句子，听故事自编故事结局等。

12. 防御过当或防御过弱

主要是因为触觉神经和外界环境协调不佳，从而影响大脑对外界的认知和应变，即所谓触觉敏感或迟钝，或称做防御过当或防御过弱。

有前一种症状的儿童，表现出对外界的新刺激适应性弱，所以喜欢包裹在熟悉的环境和动作中。例如，喜欢保持原样和有重复语言、重复动作，对任何新的学习都会加以排斥，不喜欢他人触摸，人际关系冷漠，常陷于孤独之中。

有后一种症状的儿童则反应慢，它是产生拖拉行为的生理基础，动作不灵活，笨手笨脚，缺少自我意识，学习积极性低下，所以也表现出学习困难、人情冷漠的问题。

13. 多动儿童的家庭行为治疗

儿童多动的医学名称为注意力缺陷多动障碍，生活中这些孩子往往具有多动、易冲动和注意力不集中三大特点。近些年它已引起了媒体的广泛关注，人们目前仍试图找到治疗它的最好办法，家庭治疗和行为治疗应当优先考虑。

家庭治疗可以帮助父母学会如何处理自己面对的挫折，如何持续的关怀和积极的帮助孩子，如何调整你对孩子的期望值。

行为治疗教父母如何在家庭和学校创造一个能使你的孩子不再变得易于受刺激和注意力分散的环境，帮助你的孩子形成应对的特殊能力。多数医学专家认为，家庭指导和行为治疗对幼儿或学龄前的这些儿童已经足够。

第二章

呵护儿童的道德生命

一、道德水准越高孩子成长越健康

1. 完整的道德观

　　道德从大的方面来说可以分为情绪层面、认知层面和行动层面。比方说，当看到一个孩子摔倒伤心地哭了，你的孩子在产生同情心的时候，就会想必须要帮助他，接着赶过去用手把他扶起。这样就从情绪层面到认知层面再到行动上，这样一来才构成了完整的道德。

　　道德并非单纯的"善良而正直地生活"，而是能够让孩子的生活变得更加美满成功。道德不会仅停留在个人的安全与幸福方面。通过帮助他人的心理和关怀等积极的行为，会让人进一步得到真正的幸福。道德显然是幸福生活所必要的综合价值，道德水准越高，感到幸福的可能性也越大。

　　哲学家爱默生曾说过："人生最美丽的补偿之一，就是人们真诚地帮助了别人之后，同时也帮助了自己。"他的这番话告诉我们，帮助别人与追求自我安定其实是不可分离的。

2. 孩子道德感的形成

　　出生以后的婴儿活动，是以满足生理的需求为动机。满3个月后，随着感官和运动功能的发展，孩子的行为动机，又加上了满足感觉刺激和肢体活动的需要。6个月到1岁半的婴幼儿，由于与照顾者建立紧密的依附关系。所以，为迎合、取悦照顾者，就成为婴儿行为动机的主要考虑，这是儿童道德观的雏形。

　　1岁半以后至学龄前幼儿，其行动、说话能力增强，常以激烈的情绪反应与照顾者对立，此时正是父母介入教养的时机。孩子有时会以唱反调或坚持己见来试探父母的教养准则。父母只要坚持原则，孩子试探几次后就会顺服，并进一步把父母的看法作为他的道德价值标准。

　　入学前的幼儿家庭教育是孩子建立道德观的架构。放任或太严格的教育，都会使孩子建立偏差的道德观。只有在父母要求合理，并前后一致，孩子才能

有明确的道德规范。在孩子的智能未达到 6 岁前，一般来说还谈不上道德观。但是，学龄后的道德观却是在婴幼儿期点点滴滴逐步建立起来的。

3. 道德指数越高，幸福感越强

将健康的观念转向道德范畴，标志着健康概念的一次重要转向。由躯体健康到心理健康再到道德健康，把道德和人体健康联系起来，这无疑是人类在认识问题方面的一大进步。随着社会的进步，道德健康将越来越受到社会与大多数家庭的重视。

生活的满足会给孩子的成长带来非常积极的影响。满足度越高的孩子，越能拥有积极肯定的情感，这样的自信会帮助他们在生活中产生挑战的力量。此外，能够领会自己生活意义的孩子也能够定下符合这种意义的人生目标，并为了实现目标而不断发展和成长。道德指数越高的孩子，获得让自己生活感到满足、幸福的可能也就越大。

孩子是一个正在生长的生命，作为家长和整个社会应重新认识自己所负有的使命，去唤醒儿童的道德生命，使他们的道德生命获得健康的成长。家长的一言一行、一举一动，都对孩子有着潜移默化的影响。在家庭中，父母对长辈的态度、与邻里之间的关系、待人处事的方式等无一不影响着孩子道德的发展。

4. 道德健康的标准

德是立身之本，就像花草树木都有根，根扎得不深就长不好。人的根就是德，没有了德，就像无根的花草树木，就不会长成栋梁之才。

没有一个家长不期盼着自己的宝宝将来能成为一个具有良好道德的有用人才，但将其与良好的体魄或聪明的头脑相比较时，家长显得有些犹豫，甚至为了让孩子学习更好些而忽略了道德健康的培养。随着社会的进步，人们越来越感觉到一个具有良好道德品质的人，对于社会是那样的协调和不可缺失。

道德健康的最低标准是不损人利己，最高标准是无私奉献。在日常生活中，我们有时会发现一个孩子或一个老人在街上摔倒了，出现生命垂危，这时在过路人中会有许多人伸出救援的手，但也有些人无动于衷，从身旁嘻嘻而过，这两种态度明显反映出了善与恶，美与丑不同的道德观念。随着社会的不断进

步,人们会认识到,一个没有道德感的人,就是有再多的知识学问,也难以为社会带来财富。因此,家庭教育的首要任务,是要对孩子进行思想品德教育,教子做人。

5. 从小确立孩子的道德观

道德健康是社会发展的需要,育儿先育德,为了培养孩子健全的人格和优秀的品质,从幼儿抓起,从娃娃抓起,势在必行。人的道德品质,从广义上讲,都是通过教育和修养形成,并通过教育和修养不断提高。

许多家长面对这瞬息万变飞速发展的时代,唯恐自己的孩子落伍掉队,投入了很多精力和财力去开发孩子的智力。其实,随着社会的不断进步与科技的高度发达和智能化的发展,社会对于人类智力的依赖会慢慢让位于对于道德的崇尚,人们更需要那些具有崇高道德水准,具有爱心、奉献精神、大公无私的新生一代。这些孩子长大以后,不论对家庭还是社会都会是优胜者。

从历史上许许多多伟人成长的足迹来看,那些伟大的艺术家、科学家的优良的品德也是要从摇篮时期就开始培养,而且这个任务完全是由父母来完成的,那些没有尽心培养孩子道德的家长,有可能会为孩子将来的成长之路付出代价。

在教育孩子的时候,要重视品德教育,点燃孩子的善良之心和友善的性格,使他们树立正确的世界观。因为优秀的品格,只有从孩子还在摇篮之中开始陶冶才有希望,在孩子的心灵中播下道德的种子越早越好。

童年时在游戏中萌生、发展了责任心,长大了才可望成为一个有责任感的社会人。从小不怕碰钉子,长大才可能勇于克服困难。从小尊重父母长辈,团结小朋友,长大才可望具备良好的道德修养和职业道德。凡此种种,说明家庭道德教育的重要性。在我们身边,大凡有成就的人,都会拥有健全的人格。任何时代都需要正直、勇敢、有良知的人。

6. 对孩子的"管"与"放"

"管"是指品德不好一定要管,"放"是要放手让孩子去干,去经风雨见世面。可能孩子要跌些跤,遇到些挫折,但只有这样才能使他们受到锻炼,更好地成长

起来。在日常生活中,我们要有意识地锻炼孩子的意志,有意识地培养孩子的德行,有意识地克服孩子的缺点。由于孩子的道德意识还是很初步的,一定要注意结合儿童道德发展的特点。比如,玩某个玩具时应当学会与其他小朋友分享,当小朋友摔倒时应当主动去帮助他站起来,逐渐学会用心去爱护身边的所有人和关心所有事。

一个孩子的道德成长,不外乎两个方面的合力作用。首先是父母亲的表率,看父母如何跟他人相处,孩子也会跟着学。父母如何跟孩子相处,不是居高临下,而是平等、有耐心、温和,用什么样的心态对待孩子,这对孩子的成长影响甚重。第二,看孩子和什么样的人交往,潜移默化接受教育的示范效应。

在对学龄前儿童进行道德教育中一定要注意,让孩子有实际的道德体验。父母和教师都应当留意给宝宝机会让他们自己处理道德问题,辨别是非善恶,并协助引导他们培养正确的思考。这一时期主要应当培养的道德观念包括公平、正义、权利和关怀等。对良好行为进行反复训练是这个时期道德教育的主要方法,而空洞的道德说教很难奏效。

7. 东西方不同的育儿观

西方国家父母普遍认为,孩子从出生那天起就是一个独立的个体,有自己独立的意愿和个性。无论是父母、老师还是亲友,都没有特权去支配和限制他的行为。在大多数情况下都不能替孩子做选择,而是要使孩子感到他是自己的主人,甚至在什么情况下说什么话,父母都要仔细考虑,尊重和理解孩子的心理。而中国父母则大都要求孩子顺从、听话。

西方国家父母一般都相信孩子具有自我反省和教育的能力,孩子要自己劳作,自己生活,从劳作中得到快乐,从动手中获得各种知识,学习各种技能。孩子能做到的,就让他自己做,这是对孩子的尊重。比如,在西方有很多这样的情形,父亲或母亲在前面走,刚刚学会走路的孩子跟在后面走,不要过多地去关注他,他们认为这对孩子独立性的培养十分重要。中国的父母生怕孩子磕着碰着,往往要抱着或拉着孩子走。

一些西方国家的宪法明文规定,教养儿童是父母的自然权利和义务,政府对幼儿教育站在辅助的立场上,真正担任教育责任的是父母,父母希望孩子健

康、有活力并最终能把孩子培养成一个完整的人。

在这种父母对孩子的教育负有完全责任的大环境下,这些国家80％以上的孩子感激父母在人格、修养方面对自己潜移默化的影响。孩子们欣赏的做人的共同特征可概括为勤奋、认真、按计划办事、言而有信并值得信赖。尽管这些国家的家庭普遍较富裕,但孩子们从小就养成了相对独立的习惯。与东方的孩子相比,他们较少有依赖他人的意识。

8. 从点滴做起,崇尚真、善、美

道德健康要求人们不以损害他人的利益来满足自己的需要,具有辨别真与伪、善与恶、美与丑、荣与辱等是非观念,能按照社会行为的规范准则来约束自己及支配自己的思想和行为。一个孩子在成长过程中如果只顾自己,不顾别人,对别人的痛苦无动于衷,麻木不仁,很难想象,这种儿童长大后会对家庭、社会作出很多的贡献。

儿童产生不健康的道德行为,这需从儿童的心理发展,尤其道德发展说起。一个家庭对儿童培养的重要任务就是向儿童传授伦理道德标准并塑造和强化他们的良好行为。孩子成长的环境和周围孩子的榜样作用都会影响一个孩子成长的阅历,其中包括道德品行的形成。如今,随着物质生活不断提高,一些家长对孩子的爱越来越细腻,无形中将孩子推向了家庭"小皇帝"的地位,使他们只知索取不知给予,他们对"奉献"的理解十分模糊。殊不知家长的这种溺爱行为已严重影响了孩子良好品德的形成。

让孩子把做好事当做一种乐趣,让他们体会到做了好事后的快乐。让孩子理解这种快乐确实不是一件容易的事,但也并非不可能。就像下围棋或者象棋,打台球或者网球一样,经过一番刻苦训练就会渐渐体会到其中的乐趣。

学龄前儿童的自我意识有了进一步发展,对事物已开始有了自己独立的评价,在道德行为方面有了各种道德感的明显表现,如大些的孩子乐于照顾小孩子,同情被欺侮的小朋友,互相谦让玩具等。对孩子的道德健康教育,应使孩子随着年龄的增大明白父母和老师的培养是希望自己现在和将来能履行对社会、对他人的义务,不以损害他人的利益来满足自己的需要,能按照社会道德行为规范来约束自己,以此获得心地踏实、心境平和,并产生一种价值感和崇高感。

47

二、父母对儿童道德发展的影响

1. 做人的教育

孩子总是像影子一样跟随着父母,处处受到父母的影响。因此,父母亲应该做孩子的表率,处处留心自己的行为,因为孩子行为的好坏完全是父母教育和影响的结果。父母应重视从日常行为与情感中对孩子进行"做人的教育",注重从内心情感去尊重别人,看重的是日常生活的行为与习惯的培养。

现在我们的孩子道德观念淡漠,社会性发展差,这与父母忽视对孩子最基础的"做人教育"不无关系。一些家长对孩子们真正的所思所想,他们的需要、感受、喜怒哀乐,以及他们丰富的内心世界依然是神秘而陌生的,在这个基础之上讨论做人的教育往往是很难见到成效的。因此要认真观察和了解儿童的每个细小变化。儿童有时候表现自私是有原因的,不必惊慌,只有了解了你的宝宝,才能准确发现帮助他们培养正确道德观的时机。

2. 身教重于言教

从家到幼儿园要绕过一个草坪,小时候美美特别喜欢在草坪上玩。一次,爸爸妈妈指着插在草坪上的小木牌告诉美美:"别踩草坪,小草都哭了!""如果人们都去踩草坪,小草就被踩死了,这样做很不好。"爸妈的这些话都记在美美的心里,从此她再也不踩草坪了。有一天,爸爸妈妈因赶时间,就领着美美想穿过草坪走近路。可刚迈出一步,美美就不走了,不高兴地说:"爸爸妈妈,别踩草坪,小草都哭了。"当时,爸爸妈妈看着女儿认真的样子既尴尬又惭愧,一边认错一边收回刚迈出的一步。事后,经常想起这件事,也许就这一步之差,孩子的行为标准就会大打折扣。

3. 即便是孩子,遇事也要"商量"

每个孩子都是有自尊心的。要孩子去做某件事情,可用商量的语气,让他

明白,他跟你是平等的,你是尊重他的。比如,你想要孩子把地上乱丢的玩具收拾整理一下,可以这么说:"皓皓,玩具乱丢,多不好的习惯啊,你跟妈妈一起把玩具收拾一下好吗?"千万不要用命令的语气:"你怎么搞的,玩具乱丢,快点去收拾好!"孩子听你责备,心里就会产生反感,即使按你的要求去做,也是不开心的。

如果家长认为自己的孩子执拗,一般来说,在孩子眼中家长倒有可能是执拗的,这关键是个理解、沟通、引导的问题。现实生活中,大多数家长对宝宝的爱不能始终如一,在遇到困难,甚至自己的工作、生活不顺利时,就会把这种爱忘到九霄云外,过后又懊悔,这样反反复复。日久天长,当孩子感到心力交瘁,再也无法承受这些压力时,他们就会奋起以言语或者行动来反抗。

4. 爱使婴儿学会尊重

如果母亲能非常关心婴儿所处的状态,注意听取和解读婴儿的信号,作出及时、恰当、抚爱的回应,婴儿就能发展对母亲的信任和亲近。与母亲建立了亲密关系的婴儿,会对母亲发出的信号作出积极顺从的反应,通过这种互动及感情交流的方式,婴儿正在他的道德水平上练习什么是"尊重"。

因为他已与自己的母亲建立了亲密的关系,他爱母亲,而母亲是爱他并且尊重他的,当孩子受到尊重时,他更愿意尊重别人。通过这种无声的相互理解和回应,婴儿获得了人际间相互适应和尊重的首次社会性体验,奠定了未来成长中更普遍尊重他人的基础。

道德的培养不同于某种表象的知识,可以通过简单的讲解让孩子立即实现,它更需要通过具体的过程来言传身教,让孩子亲身参与到生活实践中,才可能将道德认识内化为精神品质,从而指导个体的道德行为。

让教育贴近生活,生活会让儿童懂得什么是真、善、美,什么是假、丑、恶,从而使儿童成为生活的主人。有时单靠认知的促动,德育产生的力度是远远不够,而有了道德情感的参与,等于架设了道德情感这座桥梁,从而道德行为形成的道路才可能畅通起来。

5. 乐融融的家庭氛围

家庭成员之间和谐、融洽,尽管有时发生意见不统一,但在原则问题上是团结一致的。这样在合作、谅解的氛围下,不但使儿童学会了对人的互助、互爱、合作、谅解,使孩子的思维意志、能力等得到和谐发展,而且从中获得安全感,形成乐于接受教育的自觉性。相反,家庭成员之间如同陌路人,处事自私,争吵不休,这样家庭的儿童心理往往不健全,甚至是畸形的,他们对事情冷漠、偏执、不合作。提倡家庭美德,努力构建家庭的融洽气氛,父母说话办事不是以势压人,而是以情感人,以理服人,以样教人,才有助于儿童良好心理素质的形成。

随着儿童咿呀学语,逐渐掌握语言后,道德行为就同时在成年人的影响下,开始逐渐强化。如当儿童作出合乎道德要求的行为时,成年人应投以愉快的表情,并用"好、乖"等词语给予鼓励。这个过程,就可促使儿童不断做出合乎道德要求的行为,会十分有利于儿童养成良好的道德习惯。

6. 家长是孩子最直接的模仿对象

良好的举止仪态从来不是一朝一夕就培养出来的。妈妈在家里并不因为自己是母亲,就只对孩子们提要求,她在教孩子正确的行为举止时,总是自己先

做到。当妈妈有意无意伤害了别人时,尤其注意向人说"对不起"。而这一点许多成年人往往是只能言传,不能身教。

有一天,妈妈在家照看小女儿芊芊,她蹲下来帮助芊芊取画笔时,不小心碰了芊芊的头,妈妈马上就说:"对不起!"并轻柔地摸了摸芊芊的头。芊芊从妈妈的举止言谈中,明白了当你碰疼了别人,妨碍了别人时,应该说"对不起"。

父母自己德行如何,会直接影响孩子的品行。一个总是对亲人、同事、朋友说谎的父亲想要教育孩子"做人要老实,不能说谎"是绝不会取得相应的教育效果的。因为他自己的行为起了恰恰相反的作用。父母是孩子的第一任老师,家庭是孩子第一所启蒙学校,要让孩子品行端庄,父母要做出榜样,以身作则。

日常生活中,父母的言谈举止都在潜移默化地影响着孩子,家长的处事态度和方式是对孩子无声的教育。要教会宝宝如何改正错误行为,在这里,讲道理比惩罚更重要。与其命令孩子道歉,不如让宝宝自己诚心诚意地说出"对不起"。

7. 学会道歉和奖励好的行为

当孩子平静下来并能回忆整个事情的时候,让他解释究竟是什么原因使他刚才如此愤怒。可以向孩子说明,人们产生愤怒的情感是很自然的,但不应该以打人、踢或咬人的方式来表达自己的意愿。要使孩子确实了解当他打人后应该道歉。虽然开始时他的道歉可能是虚假的,但这一教训逐渐被他了解。儿童天生就具有同情心,只不过在幼儿时期,热情有时会压倒同情;但只要坚持,最终他会逐渐养成伤害别人要道歉的习惯。

奖励好的行为,不要仅在你的孩子有不礼貌的行为时才去注意他,要试着去发现好的行为。例如,当他要求排队等候坐电动小火车时不是把别的孩子推开,当他用言语提出要求时,要好好表扬他,可以说:"宝宝要排队等候,真棒!"他很快就会认识到言语的作用。你甚至可以在他每一次很好的控制自己的脾气时,给他一个小小的奖励。

对儿童的肯定和鼓励必须恰到好处,符合儿童的实际情况。一般来说,家长对孩子的肯定和鼓励应该是具体的、有根据的,只有这样才能培养儿童的信心,鼓励孩子做进一步的努力。过分的称赞是有副作用的,它会引起儿童盲目自

信或对称赞抱无所谓的态度,使称赞失去了教育作用。例如,有的成年人对儿童的称赞不是具体的就事论事,而是笼统地说:"太棒了!""宝宝最好!"甚至夸大其词地、抓住一点不及其余地称赞孩子,这样会使孩子对自己的能力发生错觉,以为自己样样都好,渐渐从缺乏自信到过分自以为是。

8. 道德教育从吃饭做起

好动是孩子的天性,他们只要睁开两眼就要借助玩耍去探索。刚好吃饭的时间是探索中间的一个"休止符",可以让他们坐下来专注的感受。璐璐的妈妈从来不追着喂璐璐吃饭,在妈妈眼里,不允许有玩一会儿吃几口饭这回事。吃饭时,如果璐璐吃了几口急着跑去继续玩饭前的游戏,过了一会儿突然又想起要吃饭,妈妈一定会让她等下一餐。妈妈认为孩子不会因少吃一两餐而营养不良,但他一定要懂得用餐的基本规矩,逐渐孩子就会养成坐下来专心吃饭,享受吃饭的乐趣。当好好地用餐成为一种习惯,也必然会给孩子带来一种内在的安定感。在这个时刻同时还培养了孩子一种需要坐下来专注体会"静"的感受能力。坐下来,吃自己的饭,孩子的饭菜要适量,要一次吃干净,不要养成把剩饭留给爸爸妈妈吃的习惯,从吃饭做起,尊重他人。

9. 做孩子的知心朋友

从孩子蹒跚学步起,就开始注重对其坚强性格和参与意识的培养。孩子跌倒后,父母不是赶紧去扶,而是不断地鼓励孩子自己爬起来。为陶冶情操,鼓励孩子参与各种活动,特别是手工活动,如家庭布置、花园布局及清洁工具的维修。让孩子从小就学习管理自己的钱财,以便懂事后有计划地支配自己的零花钱和打工钱。随着年龄的增大,孩子遇到的个人问题和烦恼增多,父母注意做孩子的知心朋友,既说出自己的观点,又尽量去理解孩子。

孩子如果被允许作出自己的选择,就等于获得了重要的生活本领。让孩子自己去选择,就是给了孩子一种自我控制的感觉,就增强了他们对自己能力的信心。孩子不一定选择父母感兴趣的事情,不管怎么样,只要那不是对生命构成威胁的活动,就让孩子自己去选择好了。

父母可以言传身教地告诉孩子怎样完成一项任务或参加一项活动,但不应

该代替孩子做这项工作，也不应该指望他们做得像成年人一样好。父母在让孩子自己作出某种选择或决定时，一定要给以耐心的指导，包括孩子在某个方面取得进步时所给予的肯定和鼓励，还包括告诉孩子怎样对待失败和怎样从错误中吸取教训。

三、亲子依恋是道德成长的沃土

1. 亲子依恋与婴儿的道德发展

婴儿期是父母与孩子建立亲子依恋关系的时期，父母喂养、抚摸，和自己的婴儿一起玩耍的时间越多，这种依恋就越强。如果婴儿得不到爱，在出生后的第一年不能与父母形成一种良好的依恋关系，这样的孩子今后爱他人的能力就会大打折扣。所以，以爱为基础的安全依恋关系是婴儿道德形成和发展的基本条件。

很多父母认为婴儿的早期教育主要是智力开发，婴儿太小没有道德概念，因此道德教育应该在孩子长至两、三岁才开始。其实，就孩子的道德形成而言，早期教育同样是非常重要的，而且越早越关键。

2. 安全感使婴儿学会自信和独立

在婴儿期建立了安全依恋关系的孩子在 3 岁时会表现得坚强、自制力强、具有领导力和同情心。相反，没有建立安全依恋关系的孩子却表现出行为的不确定性，表现得回避、退缩、缺乏好奇心。有安全依恋关系的婴儿之所以能自信地去探索世界，是因为他们把父母作为安全稳定的后方，随着年龄的增长，自信更能使他们变得独立起来。

依恋是在婴儿与母亲的相互交往和感情交流中逐渐形成的，在这一社会性交往过程中，母亲对婴儿发出信号的敏感性和其对婴儿抚爱的回应是最重要的。爱通常是自信和独立滋长的土壤，如果宝宝知道有人爱自己，就会更容易去独自面对世界。

近年来,随着社会经济、文化的飞速发展,人们的价值观念的急剧变化,家庭结构也随着发生变化。一些家庭结构的稳定正在动摇,家庭的解体与重构,单亲家庭不断出现,首当其冲的是儿童的心理受到伤害。家庭的破裂使儿童内心的安全感和归宿感一下子消失,儿童赖以生存的家庭乐园一下子被破坏,从而使孩子容易形成变态心理和怪僻性格。对于这些孩子要能让他们感受到,单亲家庭的孩子一样的拥有爱,要让他(她)知道父母之所以不能在一起的原因,要客观的让孩子了解事实。不要让孩子对父母中的一方有怨恨,父母是一样爱孩子的,只是由于某种原因不能在一起生活。而且还得让孩子能有机会和另一方父或母接触。他做错事情的时候,不要让孩子觉得因为他是单亲家庭而应该被谅解,做错事情就是要承担应负的责任。

3. 儿童发展阶段的道德萌芽

3岁后,随着儿童交往的发展,成年人不断对儿童的行为提出要求,使他们逐渐掌握了各种行为规范,道德感也逐渐发展起来。进入学前期以后,儿童逐渐产生了各种道德感,如同情、互助、尊敬、羡慕、友谊感等。

学前初期儿童的道德感很肤浅、易变,往往是由成年人的评价而引起。学前中期儿童已掌握了一些概念化的道德标准,会因为自己在行动中遵守了老师的要求而产生快感,而且开始关心别人的行为是否符合道德标准。学前晚期儿童的道德感进一步发展和复杂化,他们对好与坏、行为的对与错,有了比较稳定的认识。

在道德判断方面,学前初期儿童的道德判断带有很大的具体性、情绪性和受暗示性。只要成年人说是好的,或自己觉得有兴趣的,就认为是好的。反之,则是坏的。

4. 如何让婴儿学会服从与合作

最乐意服从的婴儿并不是那些母亲发出最多口头命令或经常用动作去干扰、制止孩子行为的婴儿,相反,最听话、最具有合作精神的婴儿,是那些对孩子的需求最敏感、最愿意接纳自己孩子、最合作母亲的婴儿。因为敏感的母亲会努力解读孩子发出的各种信号,如需要食物了、需要换尿片了、想睡觉了、想找

人玩了,诸如此类,并以最快的速度做出正确的回应。

一般来讲,一个快乐的孩子往往是一个顺从合作的孩子。父母在孩子教育问题上,应去掉那些让人不快的"要求、命令、必须"等词汇,而通过"启发、暗示、商量"等形式来进行,这种形式的教育,孩子会更乐于接受,更喜欢。大人的言传身教对孩子至关重要,如果你想培养一个优雅懂礼貌和乐意服从与合作的孩子,那么请不要在家中大吼大叫,让孩子从小感受平和、安宁的环境。

5. 摒弃陈旧的育儿观念

目前,我国社会亲子关系的重心在一些家庭是完全别样的。这种亲子关系认为父母不仅创造了子女,而且肩负着塑造、监护子女,给他们创造物质与精神财富是父母的天职。父母是给予的一方,子女是接受的一方,无论是管教严厉、督促学业的父母,还是极端溺爱、竭力满足孩子物质欲望的父母,他们对亲子关系的理解的出发点基本上是一致的。他们试图让孩子现在就获得充分的物质享受。他们渴望让孩子学好赚钱的本领,渴望孩子将来能出人头地,或许他们还期盼着这样的孩子有朝一日能够更好地孝敬自己。

当现代的育儿理念与这种陈旧的育儿观发生碰撞时,持有这种陈旧育儿观的父母会让自己的孩子处于矛盾之中,从而影响对孩子的人生选择。

6. 不要把孩子禁锢在"围墙"里

孩子的道德生命犹如一颗种子,需要广阔的田野、肥沃的土壤,才能茁壮成长。广阔的空间带给孩子们的是心灵的开放,犹如小鸟展翅翱翔于蓝天。现在很多家长是保姆型的,对孩子的关心真是"无微不至"。同时学校为了安全起见,把孩子们也禁锢在"围墙"里,一些室外活动的开展都要三思而后行,生怕出安全事故。

然而,现代社会是充满着竞争的社会,要使孩子们将来能立足于社会,经得起风浪,就必须拓展儿童的日常生活空间,进行生活化的道德教育,挖掘属于孩子的正直、善良的资源。家长应鼓励孩子进行多方面的探索,如人际互动的经验、认知能力的累积、才艺技能或兴趣的发展等,还要注意帮助他发掘自身性格或行为上的优点,如温柔、细心、努力等,避免当他在某一方面表现不好时,便觉

得自己不被接受、没有优点。

7. 妈妈的目光

有人把妈妈的目光形容是儿童精神、生命成长的太阳。婴幼儿在活动时，抚育者眼神对孩子的关注，以及关注时间的长短和关注角度的变化，对孩子都会产生不同的影响。在亲切的目光下，儿童的活动更积极了，情绪思维也更活跃了，对妈妈的依恋情绪也逐渐产生发展起来了。与关心孩子是否吃饱了、穿暖了等"生理上的关怀"相比，用眼神去关注孩子的情感需求，尊重孩子的活动要求，用目光传递你的爱，不仅有助于婴幼儿的身心健康和智力发展，而且也为其高层次的情感发展奠定了基础。

自出生时就给予宝宝爱，亲自照看他，和他交谈，欣赏他。通过对婴儿付出的爱，为他创造好的环境，来培养他的心性，使得婴儿与生俱来的素质得到巩固和提升。这样一来，婴儿不论在身体还是心理方面，都能够健康成长，原本具有的潜力也能够被发掘出来，从而成长为素质高、能力强的孩子。

8. 不要嫌弃宝宝对母亲的信赖

在温暖的家庭中长大的孩子，情绪始终很稳定。特别是与母亲经常一起游玩，或不安时有母亲拥抱的孩子，母亲就会成为他心灵的依靠。在 3 岁以前，这些孩子会出现认生的现象。所谓认生，是指害怕陌生人，而紧紧依偎在全心信赖的母亲身旁的一种状态。你不要担心，这是一种很正常的表现。甚至有相反的发现，不怕生的孩子，大多数在幼儿时期并未充分感受到母亲的爱，对母亲的心灵倚靠不强烈，长到青春期时，就有可能变成完全不听母亲话的人。

宝宝和亲人之间具有一种有亲情相连的心理关系，亲人自然成为宝宝寻求保护的首选目标。宝宝寻求大人的关爱是一种天然的爱的需求。当宝宝感到恐惧，到大人身边寻求保护时，爸爸妈妈要有足够的敏感，及时给予宝宝帮助。一个微笑、一个抚摩就可以安慰宝宝。不要因为在大人眼里是微不足道的事情而对孩子麻木迟钝，漠不关心。

不要觉得你的宝宝太依赖你会养成一种坏毛病，无法让孩子学会独立。其实不然，可以试着给宝宝发出"没关系"的信号，让他探索，等待他慢慢熟悉一个

新的人物或环境。让宝宝慢慢适应和接受"分离"。

9. 适合于儿童的处理问题方式

在处理"违纪"问题时,先分清"违纪"行为属于道德范畴还是习惯问题,并因此而采取不同的对策。如果涉及道德问题,应当确保和宝宝进行充分的谈话,并让宝宝明白为什么说他的行为是错的。鼓励宝宝在游戏中练习角色扮演,角色扮演能帮助孩子站在他人立场替人着想,也有助于孩子进行思考,形成独立的看法。

见到宝宝有帮助或有利于群体中的其他个体的行为,要及时称赞,作出合理的评论。假如宝宝把集体利益置于自身需要之上,应当称赞和鼓励他。对宝宝友好、公正和帮助他人的行为都要予以肯定。

在对孩子进行道德教育时,要注意形象性、榜样性,而游戏、故事是儿童最容易接受的形式。在这个阶段,家长不应该把重点放在对孩子技能、技巧的特色培训上,不要过早"定向",而是应该充分发掘儿童各方面的潜能,引导儿童去学习,先学做人,后学做事。

有时候孩子不顺心,可能会拿妈妈撒气,这是正常的。因为妈妈是他最亲近的人,和最亲近的人发泄内心的压力是很正常的事,发泄完了,孩子会更好地调整自己的状态,也会更加爱妈妈。

10. 先学做人,后学做事

教育的任务就是激发和促进儿童"内在潜力"的发挥,使其按自身规律获得自然的和自由的发展。在这个时期,父母首先应该帮宝宝学做一个会吃、会睡、会走、会说的独立人,学做一个适应环境的社会人,让宝宝有更多的机会主动探索环境。简言之,这段时期的教育必须围绕学会认知,学会做事,学会共同生活。

在日常生活中,认真处理好孩子良好的或者不适当的行为,不论是对的还是错的,一定要向孩子表达清楚。不要吝于给予语言及非语言的回应,如愉悦的表情、声音等。待他大一点时,如有良好的表现,适度且明确的赞赏具有很大的增强作用,能鼓励他更加的努力。做错事时,要将你的处理规则清楚地传达

给孩子,并以温和但坚定的态度一致地、确实地执行。然后告诉他妈妈爱他,以免他有种做错事不被爱的担忧。这样,他既知道自己错在哪,也知道下次该怎么解决,还知道妈妈无论何时都是爱他的。孩子感觉被爱包围着,他会向更好的方向发展。

四、面对幼儿的逆反心理

1. 不顾孩子的意愿

俗话说"兴趣是最好的老师"。如果孩子对家长一厢情愿安排的学习内容不感兴趣、不心甘情愿地去学,他是肯定学不好的。这时家长倘若再摆出长辈的架势采取高压政策逼孩子就范,就很容易使孩子产生强烈的逆反心理。有的父母喜欢整天对孩子唠唠叨叨,这个要这么做,那个要那么做;这也不对那也不

是，总是没完没了地叨咕，这种"敲木鱼"式的教育最终会导致孩子厌烦而产生逆反心理。

当孩子过多地接受了重复不断的教育内容时，他的大脑会对这些信息进行自然的屏蔽，也就是我们平时所说的"左耳朵进，右耳朵出"。更为不利的是，如果家长经常采用这种"敲木鱼"式的教育，孩子过一段时间就会听烦了、听腻了，变"麻木"了。即使他明白家长说得十分有理，可能也不乐意听、不乐意照着做了。

2. 对孩子专制粗暴

一些家长在教育孩子时依然信奉"不打不成材"，"棍棒底下出孝子"。孩子做错了事或者达不到自己的要求时，就开始大发雷霆，动辄打骂、罚站甚至逐之门外。这些做法是非常错误的，个性较温顺的孩子经常会屈服于父母的威吓，但同时也遭受了巨大的心理伤害，因此而变得胆小、懦弱和自卑。而个性较刚强的孩子则会产生与父母对立的情绪，并不时地以反抗的形式来回应家长，最终逆反成性。

由于学龄期儿童大部分时间都在学校度过，学校环境对他们的心理状态也有着重要影响。儿童在学校学习期间，如果得不到老师和同学的接纳，或被排斥，在同学中毫无地位，很可能产生对社会的不满和敌意，出现反社会行为。

3. 宝宝的逆反心理是怎样形成的

3～4 岁的幼儿自我意识的发展，会使他们有越来越大的主观能动性，对成人的指挥和安排表现出更大的选择性。因此常常表现出任性，不听话，你叫他这样，他非不这样，开始"闹独立"。这种现象在心理学上称为逆反心理，是一种儿童心理特点。

孩子的任性和逆反更多的是后天教育不当造成的。在幼年时期的被溺爱、迁就等，一切以孩子为中心，对孩子百依百顺，即使孩子犯了错误，仍然对孩子过分迁就，很容易造成孩子任性的心理。当家长无法满足孩子的要求时，孩子就不仅仅是任性，而是叛逆。

家长对孩子过度严厉或不尊重孩子也会造成同样的后果。有的父母不尊

重孩子,缺少民主的教育方式,管教孩子时往往是不许这样、不许那样。有的父母望子成龙心切,要孩子学这学那,如果孩子不感兴趣,不想学,父母就摆出一副长辈的架势,于是容易产生与孩子情绪上的对立(表3)。

表 3　不正常管教方式

不正常管教方式	具体表现
拒绝	包括忽视、不信任、体罚、虐待、苛求
支配	把家长的意愿、希望施加在孩子身上,完全遵从父母要求
保护	任何事都不放心,过分的帮助与保护
服从	对孩子的要求、主张、意见无条件地接受,或是溺爱或是盲从
矛盾	管教缺乏一致性,父母不一致或宽严不一致

4. 叛逆行为也有积极的一面

由于自我意识的发展,几乎每个孩子都出现反抗父母的叛逆行为,只是表现出来的程度不同而已。此时的叛逆是孩子成长过程中的必经阶段,说明你的宝宝正在顺利成长。叛逆心理强的孩子在不顺心、不满意的时候,敢于发作,能及时释放不良情绪,这样可以起到维持身心健康的作用。

叛逆心理还包含许多积极的心理品质,如自我意识强、勇敢、好胜心强、有闯劲、能创新等。因此,父母要善于发现叛逆心理中的创造性品质和开拓意识。只要正确引导,孩子的叛逆心理是能够发挥积极作用的。

5. 化解宝宝逆反要动动脑筋

(1)多项选择法:与宝宝发生对抗冲突的时候,你不必急于将自己的意见坚决执行。比如说:"宝宝,必须睡觉了,因为明天我们还要做很多事情。如果你现在还不想睡觉,咱们可以再听一个故事或者玩 5 分钟,你选择哪一个?"这种多项选择法在与宝宝打交道的过程中十分有效,很多宝宝即使两个方案都不是他原来想要的,但是他喜欢自己拿主意、做决定的感觉,所以能接受,并且因为方案是自己选择的,所以执行起来十分利落。

(2)冷处理法:如果宝宝正在做不讨人喜欢的事情,如哭闹、扔东西、弄出噪

声等,此时宝宝可能是想以另一种方式获得父母的关注。对待这种情况,父母如发现孩子没有特殊情况后可以"置若罔闻",不要把目光投向孩子,或者让孩子自己待在一间屋里闹去,而父母则可以借故去忙"自己的事情",等孩子发现自己做的事情很无聊时也就不会再坚持了。

(3)转移注意法:宝宝如果太专注于某件事而家长劝说不听时,家长可以不"就事论事",而是想方设法把宝宝的注意力转移到他感兴趣的事情上去,让他忽略甚至忘记自己正在"犯拧"的事。

还可利用孩子争强好胜的心理使孩子服从正确的教育。例如,孩子在外面玩,明明走得动却不肯自己走路,一定要你抱,你可以这么对他讲:"你看那边的小弟弟都自己走路,你不会比他差吧?"孩子为了表示自己能干,就会自己走路了。这种方法用得得当,不亚于正面说教。

6. 面对失控,让孩子参与你的活动

自制力是孩子一个必须具备的品德。那些动辄撒娇的孩子就是缺乏自制力的孩子,这对他是不幸的事情,而且也将给他人带来麻烦。为了让孩子能得到更多的乐趣和有效的控制,可试着让孩子与你一起参与一些简单的家务劳动或身边事物,与孩子一起收拾花园、一起推小推车,让孩子感到他干的事是十分重要的。

2～3岁的小孩本身就缺乏自我控制能力,再加上现在的家长要求孩子"什么都要做",而且"什么都要做好",巨大的压力容易让孩子感到愤怒和沮丧。沟通是解决愤怒根源问题的关键。随着孩子年龄增长,孩子们很乐意去帮助别人,让孩子按自己的意愿去动手,并慢慢完成他的任务。试着让孩子帮你拿一个香蕉来或告诉他把香蕉放在哪儿,也可以让宝宝帮助你一起洗菜,你会发现孩子十分乐意做大人的帮手。

7. 孩子爱说"不"的原因

1～2岁的孩子,一天不停说"不"的原因,医学上可解释为"幼儿拒绝"。简单的理由是因为孩子可以用"不"字表达他们的意愿。这是他们唯一能找到的最容易使用而且很容易反复练习使用的词汇。

孩子说"不"有时来得十分突然,孩子表现出对各种事物的百般挑剔,使父母相当头痛。父母弄不清孩子是怎么了,一天到晚不停地说"不"。一位母亲说,当她的孩子刚刚 2 岁时,孩子就像上了发条一样,成天"不""不""不"的,让人看起来十分好笑。突然一天,孩子不再说"不",代替这个字眼的是"妈""妈""妈""我不知道""我不知道""我不知道",一直到他不再说了。这种变化可使父母逐步理解孩子这令人不解的"不"的秘密,因为孩子可选择的字眼太简单了,这时的孩子还不知其他更多的词汇,因此他便把"不"字时时挂在嘴边。

8. 用选择的方式应对孩子说"不"

一个 2 岁的孩子大声哭嚷,并不停地说"不""不",这也是他近一段时间回答任何问题的最常用方式。面对无休止的纠缠,如何去应对呢?经验告诉我们,最失败的方法就是立即直接制止,这样很可能会使他的"不"更坚决。

先冷静下来,动动脑筋。避开他的纠缠,尝试着提出两个相反的问题让他选择。例如,问题是发生在洗澡时,你告诉他,他可以有个选择,一是一边洗澡一边在浴池中玩他的玩具,另一个选择是去睡觉,这样一来他会选择洗澡。无疑,给他安排的选择都是我们最希望的。

对于稍大些的孩子说"不"时,可以试着变换一种说法,让他感觉他乐意并能接受。例如,"儿子,该是你收拾起你的玩具的时候了。""不!""好,你要去公园玩吗?""是!""那么你就收拾起你的玩具,然后我带你去公园。"

还有一个办法可以试一试,当他开始对每件事都说"不"字时,应设法把他的注意力吸引过来并使他感到有趣。问他一连串的问题,一个比一个更可笑,其中一些他能回答"不","你要萝卜和绿草吗?""不!""你要大白菜吗?""不!"这些无边际又滑稽的问题最终使他笑了,我们开始谈别的,当他的警惕渐渐放松时,我们开始尝试做一些平时总是说"不"的事情,让他在尝试中渐渐忘却"不"。

9. 从小铲除懒惰习性的根源

有的孩子懒于做用体力的事,有的则懒于做动脑筋思考的事,这往往是受家长溺爱形成的结果。有的家长担心孩子累坏身体或本身轻视体力活动,不让孩子有从事体力劳动的机会;有的家长遇事想得太周全,不让孩子有自己思考

问题的机会。孩子独立做事情时，如经常受到家长强制或责备，就会失去做事的兴趣，从而心灰意懒，这也是造成儿童懒惰的原因。成年人的懒惰行为潜移默化地影响儿童，是形成儿童懒惰习性的又一原因。有的成年人在家中动辄使唤别人代他做自己可以做的事，有的成年人从事体力劳动或脑力劳动时叫苦连天或半途而废，孩子亲眼看见并加以模仿，也就滋长了懒惰的心理和习性。

铲除懒惰习性必须从小做起，激发和引导儿童对所做的事情产生兴趣，具有坚持做下去的愿望。为了激发儿童的兴趣，成年人应该使儿童明确做完一件事的益处，看到成绩。还可以让儿童与同伴进行竞赛，引导和启发其竞争意识和进取精神。鼓励孩子做出成绩，成年人要善于发现儿童做出的成绩并及时表扬，使儿童认识到自己的长处，相信自己的力量。

五、如何成为理想的父母

1. 父母应接受"再教育"

随着一个婴儿的诞生，一个母亲也诞生了。这两个个体同样都面临着发展的问题，不只是婴儿单方面的事情。母亲不是天生就是母亲，父亲也不是天生就是父亲，他们必须经历某些复杂的学习与改变过程。理想的父母，不仅是孩

子的保姆,也是孩子的老师,更是孩子的朋友。

目前,社会对儿童早期养育知识的普及做得不够,致使一些年轻家长对儿童的生理成长变化过程,对孩子幼年期家庭教育的重要性及方式方法等方面都缺乏应有的认知。

要成为理想的父母,就必须了解孩子整个的成长发展过程,随时调整自己的角色及教养子女的方式,不断学习做父母的知识,接受"再教育"。在与孩子的互动中,观察、思考孩子的需求和反应,虚心向孩子学习,如此才能提供孩子最适当的成长环境,最适宜的学习机会,以及最愉快的生活空间。

一项调查表明,父母教育水平与在孩子身边花的时间成正比。尽管较高文化水平的父母每周工作时间更长,但他们仍然更愿意挤出时间和孩子待在一起。文化水平越高的父母,在孩子身上投入的时间越多,这在全世界范围内已经成为普遍现象。

2. 学会倾听孩子的声音

成年人在与婴幼儿交往中的作用是通过发展婴幼儿的学习能力、增强他们的安全感、控制能力等来强化这种社会伙伴关系。这种伙伴关系往往从婴幼儿出生第二周后就开始。这时应该更加注重与婴幼儿分享情感经验,因为这是婴幼儿学习的基础。

学会倾听孩子的声音非常重要,在孩子很小的时候,你就应该学着倾听他的"一言一语",观察他的"一举一动"。首先,要提高家长的倾听意识和技巧,不要认为"小孩子懂什么?我说他听就行了"。许多家长很少倾听孩子的声音,其实,无论孩子多小,他对人、对事都有自己的心理感受,有自己的态度和看法。大人给孩子时间,耐心地倾听他讲完所有的话,对孩子来说是最好的赞美。

倾听,就是你要集中注意力,用观察的心态去听,而不是以焦急忧虑的心态对待孩子。要花时间去听孩子讲话,时刻提醒自己不能有耳无听的敷衍。因为倾听不仅可以让亲子关系十分亲密,也是家长对孩子最基本的尊重。在学会倾听孩子声音的同时,还应教会孩子怎样倾听父母和周围人的一言一语,倾听是沟通的前提,倾听是一种能力,倾听是孩子一种应具备的美德。

3. 要"平视",不要"居高临下"

要培养冷静观察孩子的习惯,了解他现在究竟对什么事物感兴趣。忽视孩子的能力或他所要表达的意思,或者是强迫孩子做些他不想做的事情,往往事与愿违。父母亲应当用声音、视线、肌肤的接触等方式来跟孩子相处,和孩子说话时最好蹲下来,在与孩子的视线相当的高度对话。

父母亲应该常用客观的角度来审视自己的言行,甚至是下意识的表情、动作等。因为往往一个无意识的表情或动作,会让孩子觉得自己遭到忽视,甚至因此伤了孩子幼小的心灵。宝宝反抗的时候,家长往往觉得自己的权威受到了挑战,因此实施高压政策,让他屈服。结果很有可能以宝宝的委屈哭闹和你的难受心情收场。高压政策会让宝宝失去良好的判断力,形成一种"奴性"人格,因为他屈从于自己所处的劣势而不是理性的思考,由于找不到合适的宣泄途径,会对他的心理健康造成难以修复的伤害。

4. 如何对待气愤的孩子

张阿姨4岁的儿子大哭着冲进厨房。"妈妈!我看电视的时候,朵朵砸坏了我的小卡车!"妈妈停下手里的活儿,把手轻轻地放在儿子的肩上,看着他的眼睛说:"哇,儿子生气了。"儿子说:"是的!她坏!""你是不是不想再和妹妹成好朋友了?"儿子点点头,开始平静下来。妈妈接着说:"朵朵这么做,我也很难过。等睡觉的时候我们再来谈这件事吧,好吗?好了,小宝贝,吃块巧克力吧。"

在解决处于愤怒中的孩子的问题时,应尽量控制自己,不要马上给出建议。只要专注地倾听孩子,认同他的情感就够了。这样做孩子会感到被理解,也更容易冷静下来。之后再和他私下里谈谈,孩子会更容易敞开心扉,并在你的帮助下找到解决的方法,类似的情况就不会再发生了。

5. 爸爸妈妈的不断自我提升

从现在开始,就请各位父母亲开始致力于提升自己的素养,要做到这一点其实并不会太困难。读书、欣赏音乐、栽培植物,甚至养成每天早上阅读报纸的习惯,都是一种素养。因为幼儿的行为,都是从模仿父母亲的行为开始的。

作为爸爸，更应当多抽出时间与孩子一起游戏、一起读书，与孩子互动。父亲对宝宝成长的推动作用更大，在共同的活动中孩子会不断地受到父亲的约束和指挥，这会帮助孩子学会服从和忍耐，有利于孩子建立良好的社会行为，为他走进现实世界做准备。

现代心理学、教育学的理论告诉我们，父母与子女之间的关系是一种互动的关系。这种互动关系的健康与否，在很大程度上决定了孩子将来是否具有平衡、开朗的感情生活，是否具有良好的处理人际关系的能力，是否具有较强的生活能力，事业上是否能获得成功（表4）。

表4　父母教养的四种类型

教养类型	具体表现
专横的因循守旧	强调绝对服从父母的意志，因此稍有不从就予以惩罚。在这类父母的教养态度下，孩子自身缺少自主权，这就可能形成胆小、缺乏自信和独立性。或者会形成撒谎、逆反心理强，时常会在对他人报偿中得到心理上的补偿和平衡
过分娇纵，有求必应	家长只想为儿童提供无所不包的帮助和保护。由于父母过分包办代替，使孩子养成极大的依赖性，就会形成自私、任性、放肆、易发脾气、好夸口的品性
放任自流，不过问	儿童会因为得不到关心、得不到父爱和母爱而产生孤独感，逐渐形成易于攻击、冷酷、自我显示，甚至放纵的不良品质，常常会有情绪不安，反复无常，容易触怒，对周围的事物漠不关心的心态
民主、平等的态度	能忍耐、平等、随和谅解、互相爱护、关心，父母能多给子女鼓励和诱导。对子女的缺点、错误能恰如其分地批评指正，提高子女的认识，改正缺点。这样就逐渐培养了孩子对别人坦诚友好、自立、热情，能接受批评，经受压力，关心他人，有独立处事的能力。这是值得推崇的一种父母教养方式

6. 确立"父母权威"

在半岁到1岁这个阶段，你要让宝宝明白，虽然他有权力表示并坚持自己

的想法,但这是一个有限度的权力,这个限度的范围要由爸爸妈妈来决定。例如,晚上 8 时是宝宝睡觉的时间,但今天奶奶送来新的玩具,新奇感让宝宝仍处在兴奋的状态中,他不愿意按时上床,对大人的提醒不理不睬,埋头摆弄新玩具。这时候,爸爸妈妈应该明智地允许宝宝推迟几分钟,"好吧,再玩 10 分钟,宝宝就得上床睡觉了"。一旦到了你们约定的时间,你应该用平静而坚决的态度带宝宝回自己的房间。父母内心坚决,表情不留余地,宝宝多半会是乖乖的。在这一时期,父母需要给宝宝定下明确的规矩,并且坚持执行,以此来确立自己的权威,就算孩子脸上挂着泪珠也不例外。

在发达国家,有教养、有身份的人们都喜欢标榜自己宽容、谦和、开朗、睿智。这些国家的父母们努力把对子女的抚养、教育建立在一种"人与人之间的关系"的平面上,这个"人与人之间的关系"可以说是中产阶层家庭中的核心问题。

在我国,尽管家庭不一样,但大多数家长对自己的孩子有一相同的期望。在现实生活中,家长头脑中对幼儿的要求是有具体目标的,而这种目标,就是希望自己的孩子像成年人一样老练行事,即做理想的孩子。这样一来极易导致将一些不适当的成人化观念在不经意间强加给孩子。这种现象在生活中屡见不鲜,如想方设法让孩子写字、背诗,甚至孩子的哭笑也受家长的管制。面对着家长们许许多多成功或者失败的教训,成年人应该逐步放弃那些僵化的家长制作风,当孩子明白事理时,他们也许会更加欣赏这些家长的学识。

7. 亲情与鼓励

对于孩子的错误与缺点要有足够的耐心,通过亲情的共鸣来激活孩子的学习热情,培养孩子的自信心。通过激励手段和有效地赞美孩子来改正孩子的坏毛病,不失时机地表扬和肯定孩子的进步,帮助孩子走出困境。

当孩子做错了事,不要一味地批评责备,而应帮助他在过失中总结教训,积累经验,鼓励他再次获得成功。孩子第一次帮妈妈端饭碗失手掉到地上打碎了。妈妈没能控制住自己的急脾气,大声责备孩子"连个碗都端不稳,真笨!"这样一来会打击孩子尝试新事物的信心和勇气。如果妈妈以平和的心态用鼓励的语气说:"果果不小心打碎了碗,没关系,以后先用手指试试烫不烫再去端。"

这样,既教给实践的方法,又给了孩子再次尝试的信心。

一些家长不善于激励,他们望子成龙心切,用成年人的心理去要求孩子,对孩子的成长往往提出过多的要求,过多地对孩子身上所谓的错误进行"责备"或采用"激将法"。在不断地被讥讽、被忽视中,孩子的天资一一被毁灭。在长时间负能量的作用下,孩子们很少得到鼓励、表扬和拥抱,他们慢慢变得不再像以前那样爱笑,那样温情,他们变得沉默不语、淡漠、发脾气,甚至出现遗尿、失眠、夜惊等。

我们经常看到那些受家庭溺爱的孩子,有的长时期不肯上幼儿园,有的仅仅因为受到同伴的嘲笑就会产生强烈的对抗情绪,难以与小朋友友好相处,在集体生活里很孤独。

8. 了解得多了,责罚就少了

多花一点时间与孩子相处,你就会了解孩子的反应、喜好和能力,你会稍微了解孩子的个性,也会知道他的正常行为。早点了解你的孩子的正常行为,一旦孩子学会走路后,你对他所发生的一些不正常的行为,就会保持一种原谅的态度。

在孩子1岁前多花点时间和他在一起,你就会了解哪些才是婴儿的正常行为,也就不会有不实际的期待。孩子若觉得一切都很好,他的表现就会趋于正常,也就比较容易管教。家长应当了解,一两岁的孩子喜欢拉一些重量轻的绳子,常常丢东西、抓东西、把东西扔得满屋子都是,这些都是正常的,这样你就不再会为孩子的这些举动感到烦恼。了解你的孩子后,以后要管教孩子就有效多了。

对于儿童正常的、合理的需求,应尽可能使他们得到满足。不仅在家庭里,就是在家庭以外的各个环境也应创造条件满足儿童的各种合理需要,使他们心情愉快,活泼开朗。但是,过分溺爱孩子或对孩子教育不当,会使孩子长期处在不正常的特殊环境里,产生种种不合理的特殊需要,养成不良习惯。例如,饮食起居随心所欲,一切以自我为中心,不愿服从别人的合理要求等。一旦环境发生变化,这样的孩子就难以适应。

责罚只是管教的一部分,而且还是一小部分,管教是你家中的一种气氛,这

种态度和气氛可以让责罚减到最低。万一非得责罚时,就得适当地执行。

9. 不要随意给孩子贴"小捣蛋"的标签

有时家长需要检查一下自己描述孩子的方式。不能使用"小捣蛋、调皮鬼、闲不住"等经常被用来形容过于活泼的孩子的词汇。平时在和家人谈论孩子时应用积极的词汇来描述孩子。

随着孩子自尊心的增长,他会想要表现得更好。及时发现并表扬你的宝宝,对他的好行为进行积极的表扬:"玩完玩具后帮妈妈放回了原处,做得真不错",或"今天你在小朋友家表现得真好"!当 3 岁的孩子对奶奶说,"我今天玩玩具时不小心弄坏了一个小玩具"而不是"我是一个坏孩子时",这就反映出你教育的方式是在正确的轨道上。

10. 不要把电视当成保姆

人的大脑在最初的 3 年发育得最快。对于大脑的刺激是在孩子与他人的互动和他对于环境事物的探索,以及在探索过程中对于问题的解决中实现的,而这些是电视无法提供给孩子的。电视让孩子变安静,所学到的只是大人设计好的"知识"。这是非常被动的学习,不是经由孩子主动对于人或物的探索而来的。

目前养育环境当中人们比较多的依赖电视保姆,让孩子一有空闲就对着电视机看,这种语言环境是无法和人与人之间的语言的交流相比拟的。孩子在电视前面基本是僵化的状态。同时,由于电视画面的快节奏剪接手法,也影响孩子连续注意的能力。

当我们要求孩子远离电视时,我们大人自己也要以身作则,这对于成年人也是一件非常不容易的事。

11. 过早去幼儿园的忧患

有的孩子在学走路时就被送到了幼儿园。甚至一些年仅 6 个月大的婴儿被送到那里,从早晨 8 时到下午 6 时,他们一直在那里呆到上学。调查发现,一些最好的幼儿园试图满足非常小的孩子的需求,但由于孩子太多,老师根本照

顾不过来,所以结果往往是事与愿违。而那些差的幼儿园根本无法照顾到孩子,只是给他们提供吃喝,完全让他们自己活动,这些遭到忽视的孩子往往有恐惧感,他们感到失去母爱的凄凉,这些孩子大部分的时间会在孤独中度过。

孩子不仅需要固定的人员养育,更需要专注的关心,最好的幼儿园、最负责的老师也不能代替妈妈。2岁以下的孩子就该受到妈妈一对一的关爱,父母共同养育是最理想的方式。

不要认为婴儿不懂事,他们的要求得不到满足会让他们产生一种孤独感,表现为烦躁哭闹,长期的影响则不利于他们的心理发育,迫使一些孩子发展成攻击性性格,这是情感缺失造成的后果。

12. 去幼儿园的宝宝更需要家庭亲情

许多父母有一个误区,那就是认为提早让婴儿进入幼儿园会让他们更能适应外部环境,更早地发展交际能力。但实际上,婴儿需要的关心是持续和协调一致的,这其中包含整个家庭的作用,这就意味着与他们交流的人是相对固定的。

人生最初的18个月是负责社会和情感功能的大脑结构发育的关键时期,对一生都有影响。母子相互作用则在这种能力的培养方面起着关键作用,妈妈是婴儿内分泌和神经系统发育的调节器。另外,家里的哥哥姐姐和祖父母辈对他们也很重要,他们起着辅助父母教育孩子的作用,婴儿从他们身上得到安全感。

如果要想让幼儿的大脑健康发育,就需要对其进行爱的刺激,妈妈与孩子的交互作用是最好的刺激。家庭成员的关爱对孩子发育来说是最安全的选择,而幼儿园中缺乏的就是这种关爱,即使请保姆在家看孩子也不如妈妈亲自照顾好。

第三章

社会适应——
儿童健康的统合

一、指导儿童社会交往

1. 什么是社会适应健康

越来越多的家长已经意识到,无论一个人掌握的知识有多丰富,能力有多强,如果他不能适应工作环境,不能适应社会,他的发展道路就会艰辛而曲折。社会的进步,非常强调沟通和团队合作,所以良好的沟通能力、心理素质和人际交往能力,比知识的学习更加重要。

学习怎样与人相处,怎样适应社会,就是我们通常所说的"社会适应能力"。社会适应能力比较好的人,在生活中常表现为有很好的人缘,人际关系融洽。

儿童期是人生适应能力发展的起始阶段,儿童将来能否积极适应各种环境,能否协调好与他人、与集体的关系,能否勇敢的承担社会责任,幼儿期的生活经验、受教育状况及社会的引导至关重要。

2. 儿童社会适应能力的发展

儿童社会适应能力的发展始于家庭,通过家庭成员,主要是父母的养育。学前儿童掌握各种行为准则和规范,形成一定的社会技能,这对孩子一生的成长有极其深远的影响。

随着现代社会的发展变革,未来社会对人的素质提出了更高的要求。要求每一个人具有面对现实,不怕困难,开拓进取的精神,具有关心他人、家庭、社会、自然的意识和责任感。

在现实生活中,一些家庭忽视了幼儿健康心理和人格的培养,致使目前儿童中常常存在着独立性差、心理脆弱、攻击性行为、自控能力差等种种心理和行为偏差。

婴幼儿时期根本的教育任务就是建立良好的教育环境,帮助孩子形成积极乐观的生活态度,培养活泼开朗的性格和良好的行为品德,增强社会性,提高社会适应能力。

父母对孩子培养和训练的目的,无疑是让孩子在离开自己后能独立生活。让孩子充分感受到社会的关爱、安全、尊重和自由。长期受压抑、紧张、被冷漠或是不能得到正确引导的孩子心理会发生扭曲,社会适应能力的发展往往不健全。

3. 从培养基本生活技能开始

培养儿童独立生活能力,首先应当让你的宝宝慢慢脱离你的怀抱,家长应该离开的时候就要离开,两人不能天天捆在一起。让孩子慢慢地习惯妈妈在身边是正常的,妈妈不在身边也是正常的。

在宝宝不到 1 岁时,家长就应该开始有意识地通过吃饭、睡眠、排便、穿衣等培养他的基本生活技能,这些技能贯穿在生活中,孩子正确地掌握了它,就能促进他在生活上独立和自信心的最初建立,从而影响着宝宝的身心发育和成长。

吃饭,是宝宝最先学会的技能。通常宝宝 9~10 个月的时候会产生自己抓东西吃的欲望。这时,妈妈可以给宝宝准备一把小勺,鼓励他自己拿着勺子吃,学着喂自己。

睡觉,妈妈应该从宝宝 5~6 个月开始,培养他自然入睡的习惯,这样可以保证他的睡眠质量。宝宝睡觉醒来,妈妈不要马上去抱他或者喂奶,也应慢慢减少抱着哄宝宝入睡的次数。

排便,1 岁半到 2 岁是宝宝学习排便技能最佳时间,因为这时宝宝能够走路、蹲下,并理解语言和手势。这项技能训练需要妈妈的全程示范。如果宝宝一开始学不会或者偶尔尿裤子,千万不要批评指责他,这样会对他的自信心造成伤害。

穿衣,通常情况下,宝宝 2 岁开始懂得配合家长,伸出小手小脚穿衣服。妈妈可以趁机告诉他穿衣穿鞋的技巧,如怎样扣扣子、怎样穿鞋子等。即便他穿不好,妈妈也不要包办,而是应该一边帮助他,一边鼓励他。

4. 社会适应能力的初始阶段

社会适应能力的培养,是一种十分特殊的学习,只有在生活这个真实而生

动的大课堂,其任务、目标才能完成,幼儿才能更好地认识社会、了解社会、熟悉社会、理解社会。

儿童如果只是生活在父母的怀抱里,没有独立的生活能力,无法自理自助,日后难以适应复杂的社会环境,更谈不上有所成就了。儿童所处的环境不可能总是一成不变的,随着一天天的长大,新的环境必须会对儿童提出新的要求。随着年龄的增长,他们逐渐将关注的对象由自己转向他人,开始感到周围的宝宝的事物很新鲜,此时的孩子非常希望能融于同伴之中,融于社会之中。他们也与同伴争吵,但是会更加讲究方法和技巧,他们有时会沉默一会儿,一般的孩子就不会表现出"胡搅蛮缠""蛮不讲理"的态度了,这样儿童适应社会能力就得到了初步的发展。他们需要玩耍时,觉得大人妨碍他们探索世界时,家长就要放手让他们去闯。

5. 诱导孩子外向型发展

儿童作为一个独立的个体,呱呱坠地来到这个世界,在与社会环境相互作用的过程中,会慢慢成长为一个掌握社会规范,正确处理人际关系,形成良好社会适应能力的社会人。

3岁时被判定为外向的孩子,到11岁时,学业、人际各方面的表现都比内向的孩子好。这其实一点都不奇怪,内向的孩子是自己玩,而外向的孩子喜欢跟别人玩。对3岁的孩子来说,同年龄的玩伴是最好的玩具,远远超过昂贵的机器人或遥控车。因为后者的变化有限,而前者的变化无穷。无穷的变化会刺激神经的发展,增加神经之间的连接,而现在我们知道记忆、创造力、理解力就是同步发射的神经回路。

孩子一出生就开始了他的社会化过程,开始用自己的感官品味着周围的世界,对给予的刺激作出相应的反应,从而使自己的身心潜能得以挖掘和开发。现在的儿童生活在一个优越的环境中,周围的亲人对其百般呵护,但是一离开自己的家就觉得很茫然,无所适从,所以必须从小对儿童进行良好的心理素质、独立自主的能力与和平竞争能力方面的训练,让他们学会生活。

6. 劳动教育与勤奋的品德

只有通过劳动,才能让孩子理解劳动的意义,懂得劳动的艰辛,知道劳动成果的来之不易,从中磨炼孩子意志,培养孩子的责任心,学会勤俭节约等。劳动教育内容主要有生活自理,让孩子学会基本的生活自理。让孩子做一些力所能及的家务劳动,这是要求孩子逐渐懂得自己是家庭的一员,应该主动去干点家务,培养孩子责任感。孩子上幼儿园后,应积极鼓励孩子参加班上的劳动,培养孩子的集体主义精神及社会责任感。孩子慢慢长大,劳动就成了孩子的必修课,学习洗洗自己的小手绢,饭后帮助妈妈收拾碗筷,劳动教育加快了孩子的社会适应能力的发展。

勤奋是人类最主要的品质之一,是幸福生活的源泉,而懒惰则是万恶的根源。一个人的精力如果不能够使用在有益的方面,就会成为一种破坏力量,这是很不幸的。社会经验告诉人们:"任何坏人都不是自愿成为一个恶棍的。"有的人之所以变坏,多半是教育不良的结果,其中主要是父母的影响。所以,作为孩子的父母,让孩子从小就养成勤于劳动的习惯,这样恶魔就无机可乘了。

利用家长的聪明才智和家庭、社会上种种有利条件培养孩子勤奋的良好品德,那些从小爱劳动、好学习、关心他人的孩子,长大后一定会成为一个有作为和幸福的人。

7. 婴幼儿的社会经验从何而来

心理学家把儿童与社会相互作用的过程称之为"社会化",让幼儿认同社会,充分利用户外活动丰富幼儿的社会经验。例如,"到小朋友家去做客","打扫我们的小花园","我给小树穿冬衣"等活动,增进了孩子对社会环境的认识和对社会中各种身份的人所应有的情感、态度、方式的理解,培养了他们的社会知觉能力和道德判断力。在这些身临其境的活动中,幼儿感受到了什么叫社会情感,他们的社会经验也丰富了。多让孩子有机会加入一些以情感人、触景生情的社会活动,真正融入每个孩子的生活,让每个孩子成为一个自由舒展的生命、健康全面发展的社会型人才。

由于孩子们还没有真正进入社会生活,尚不清楚这为什么是善,那为什么是恶。而要让他们能够区分善恶,给他们讲故事和教儿歌是最为有效的方法。用这样的方法来纠正孩子的一些不良行为,促使其向好的方面发展。妈妈不但给她讲各种神话传说、童话故事,而且还给她讲述自编的故事,把要让孩子明白的道理通过自编的故事讲出来。

8. 注重孩子的自由发展

西方人一般不煞费苦心地设计孩子的未来,而是注重孩子的自由发展,努力把孩子培养成为能够适应各种环境,具备独立生存能力的社会人。他们的家庭教育是以培养孩子富有开拓精神,能够成为一个自食其力的人为出发点的。

基于这种观念,西方国家的很多家庭都十分重视孩子从小的自身锻炼。他们普遍认为,孩子的成长必须靠自身的力量,因此从小就培养和锻炼孩子的自立意识和独立生活能力。例如,从孩子小时候就让他们认识劳动的价值,让孩子分担家里的割草、打扫房屋、简单木工修理等活计。在寒冷的冬天,当中国的同龄孩子还在热被窝里熟睡时,西方孩子早已起来挨家挨户去送报了。这在娇惯子女的中国父母看来可能有些"残忍",而正是这看似"残忍"的教育,造就了西方孩子独立自强的生活本领。

9. 鼓励孩子参加社会集体活动

每个人的良好习惯,绝大部分的行为均是后天获得的。家长应该让孩子从小多接触社会,多参加集体活动,鼓励他们和别的孩子玩,要不失时机的为孩子树立正确的道德标准。孩子们在一起,有共同的愿望和兴趣,知识水平、能力高低也基本相当,相互间容易培养互助互爱的感情。他们一起活动时相互制约,对培养自制力很有效。有不少家庭希望孩子唯唯诺诺地跟着父母大人转,这样的儿童积极活动的愿望会受到抑制,性格也变得内向、敏感。

勇敢是孩子成长必不可少的品德。有的母亲有一种错误的做法,她们一看到孩子受了一点磕碰马上过去安慰他,其实这样做会加重孩子的痛苦。合理的做法是先不谈这件事,把孩子的注意力转移开去,这样他会很快忘记了痛苦。

10. 让儿童尽早地认知社会

发展儿童社交能力,要为他们创造一个社交的环境。例如,家中有客人来访,有一定的社会交往,儿童耳濡目染,会逐渐学会接人待物之道,逐步提高其社会交往的能力,满足儿童社会交往的需求。

在儿童的社会交往过程中,要教育儿童为人要正直诚实,告诉孩子诡诈和欺骗是得不到朋友的,要以诚待人,"老实人"是不会吃亏的。要告诫儿童遇事不能斤斤计较,更不能以自我为中心,不能因生活中遇到的小小委屈就耿耿于怀。接受不了任何的批评教育,这将不利于相互间友谊的建立,不利于形成正常的人际关系。

要培养儿童良好的礼仪,这是他们以后进入社会发展的通行证。人们在交往中都渴望有一个良好而和谐的人际环境,都想得到别人的喜爱和尊重。当今社会又是一个充满竞争和合作的时代,良好的社交品格对于儿童的未来发展尤为重要。

良好的礼仪不仅是一个人的外在表现,更是一个人高尚精神境界的体现,它来源于良好的道德品质。学校和家长要利用各种场合,教育儿童怎样待人、怎样与人相处,具体包括尊老爱幼、尊敬师长、讲文明懂礼貌、守时守信、讲卫生守秩序等多方面的内容,这些方面的教育必须从小就开始。

11. 模仿是孩子最早的学习方式

孩子最早接受的教育是对生活环境中接触最多的人的模仿。模仿是孩子最早的学习方式,父母如何待人、如何做事、如何学习等行为,对孩子来说,就是一本没有字的生动教材。在孩子的生活、学习、做事中,根据各个年龄段的特点,父母对孩子进行必要的训练,也是孩子养成良好习惯所必需的。

孩子一开始有不少行为是在成年人的要求下才做的,如饭前洗手,不断地对孩子提出这个要求,孩子就会逐渐变被动为主动,最后使其行为变成自动,这样就形成了习惯。在训练过程中,当孩子按要求做时,父母一定要对他的行为进行表扬或奖励。也就是说,父母对孩子良好行为的正强化非常重要。

父母对人热情、诚恳、文明礼貌,孩子就不会对人冷漠、粗鲁。父母爱读书,经常看书,逛书店,孩子也会爱看书。有位母亲平时说话声音很大,一次她女儿和她说话声音也特别大。母亲说:"跟我说话,嗓门为什么这样大。"女儿的回答是:"跟你学的。"一位刚上幼儿园小班的男孩,午睡时总把脱下的外衣叠得很整齐。当老师表扬他时,他说:"我妈妈每次睡觉时总把衣服一件件叠得很整齐,放在一边。"可见,父母的言行在无形中变成了孩子学习的榜样。这种强化会加速良好行为从被动转入主动再到自动,从而形成习惯的过程。

二、培养幼儿自信心

1. 自信心是一种良好的心理品质

自信心必须从小培养,肯定和鼓励在培养儿童的自信心方面具有决定性的作用。由于学前儿童的知识经验有限,判断力和逻辑推理能力比较低,但好奇心强、感受性高,因此他们很容易受暗示的影响。在这方面,家长要遵循一定的原则,结合具体情境、有目的、有意识地对孩子采取积极的暗示,如一个微笑、肯定的目光或是肢体上支持等,避免消极暗示。

如果孩子自尊心特别强、爱面子、希望在心理和情感上保留一些自己的空

间,当他与人交往遇到困难不知所措的时候,家长的一个拥抱,一个抚摸会胜过许多的提问,这里蕴涵着家长的智慧。在孩子成长过程中多采用积极暗示的方法,产生的效果是直接的,给孩子最大的收益就是自信。

良好的家庭沟通是一门艺术,是孩子社会化学习的开始。儿童在学龄前,电视、电影、书籍等大众传播工具是学前儿童社会化的重要媒介。幼儿善于模仿,易受感染,成人可以充分利用现实生活的良好榜样去影响孩子,引导他学习别人严格要求自己、克服困难的良好行为,避免让孩子接触那些暴力的、消极的、阴暗的东西。

2. 使孩子的进步不断得到强化

自信来自家长对孩子长时间的肯定。家长经常这样鼓励孩子:"你真聪明!""棒极了!""你这么能干,真是个好孩子!"这些都是正强化。但对于学前儿童来说,单单这些做法显得不够真实具体,不是最有效的方法。因为学前儿童的思维是具体的、形象的,所以强化的语言也应该遵循真诚、具体、及时的原则,减少夸张、抽象、不切实际的表达方式。当你的孩子跑过去把摔倒在地的小同伴扶起来的时候,你立刻由衷地说:"知道帮助小朋友了,真是个好孩子!"得到你的鼓励,他会从内心体验到帮助他人,被人称赞的快乐。这种"帮助他人"的行为就得到了正强化。一般来说,儿童对自身力量的评价都是依从于他人的,周围人的鼓励,对于增强儿童自信心有很大作用,儿童所尊敬和崇拜的权威者,对他们的评价具有决定性的影响。

3. "你能行"教育

1岁半的芊芊对放在桌子上的圆珠笔产生了兴趣。她拿起笔,在手中转来转去,一不留神,把笔帽给转开了,弹簧"啪"地一声,把笔帽弹到了沙发后面。芊芊愣在那里,不知该怎么办了。爸爸没有替女儿去捡起笔帽,也没有任由笔帽躺在沙发后面,他把沙发轻轻推开,让女儿走进去把笔帽捡起来。女儿犹豫地看了看爸爸,爸爸充满信心的对女儿说:"你能行!"小芊芊在爸爸的鼓励下,走到沙发后面,捡起了那个笔帽。爸爸立即把圆珠笔各个部件组装成一个整体,父女俩相视而笑。"你能行!"一句话,让孩子的自信和独立向前跨了一

大步。

适当引导儿童参加些实践活动，完成一些力所能及的、既不太难也不太易的任务，让他们看到自己的力量，体验到战胜困难、取得成功的欢乐，它是孩子成长的推动力。

4. 自信心是家庭教育的着眼点

自信心对一个人一生的发展，无论在智力上还是体力上，抑或在处世能力上，都有着基石性的支持作用。一个缺乏自信心的人，便缺乏在各种能力发展上的主观能动性，而主观能动性对刺激人的各项感官与功能及其综合能力的发挥起着决定性的作用。

在引导儿童看到自身力量、增强自信心的同时，也要注意引导儿童去发现同伴的长处，这种多方面的横向比较，既不减弱儿童的自信心，又可防止儿童产生过于自信或轻视他人的骄傲心理。

孩子人际交往的自信，还来自孩子在与他人交流方面的经验，其中语言能力是最核心的。此外，还有交流的其他技巧、倾听能力、身体语言、情绪的表达等。父母平时要利用各种有利时机多和孩子进行这些方面的沟通，这种沟通应该是平等的，而不是命令或是强迫的方式。

自信心就像人的能力催化剂，将人的一切潜能都调动起来，将各部分的功能推动到最佳状态。而高水平的发挥在不断反复的基础上，巩固成为人的本性的一部分，将人的功能提高到一个新的水准。一个宝宝的成长路线，如果一直是积极上升的，可以想象其累积效果对孩子的将来是十分有价值的财富。

5. 孩子的冒险精神

应该鼓励孩子有一定冒险精神，有克服胆怯的勇气，有与别人一比高低的信心。许多体育运动都具有培养孩子勇气、信心及冒险精神的特性，鼓励孩子积极参加有挑战性的运动，无疑会对孩子将来的人生发展带来很大的益处。体育不仅仅是锻炼身体的手段，还可以教会人们如何迎接挑战。

事实上，孩子在体育项目或其他体力游戏上所锻炼出来的勇气、自信及大胆细心的作风，也会影响他们日后在事业中的所作所为。在西方国家生活的人

们会发现,一些证券交易所中最好的经纪人往往是运动员出身,这不单单是他们拥有一般人所没有的强壮体魄,得以应付高强度的精神紧张,而且在心理素质上得天独厚,反应迅敏,自信而有魄力,勇于做决断,理所当然地满足了这项工作的要求。

6. 经历失败,享受成功

记得豆豆第一次做事是在 2 岁的时候,他看到爸爸在洗碗,感到很好奇,就拉着爸爸的腿,不愿跟妈妈回客厅去。见此情景,爸爸干脆把豆豆抱到洗碗池上:"来吧,咱们一起洗,看看你能干得怎么样!"豆豆马上跳进洗碗池里干了起来。说是在洗碗,其实更像是在洗澡,衣服、裤子都湿了个透,碗不但没洗干净,而且还掉到地上,摔碎了一个。开始时,豆豆还在笑,觉得坐在洗碗池里玩是件有意思的事,可是慢慢地,他觉得不好玩了,就无聊地把水泼到水池外面,把碗推到洗碗池一角又推回来……终于,他忍不住哭了起来。直到这时,爸爸才把他抱出来,送他去洗澡,换了干净衣服,再把他放在洗碗池旁边,自己戴好围裙,把洗碗液挤到水里,然后在豆豆的注视下,把碗一个个洗干净、抹干。结果,豆豆第二次洗玩具碗筷,衣服只湿了一半。第三次,只有袖子湿了一点点。爸爸教他把碗洗干净的方法。就这样豆豆对干家务事的兴趣没有减少,反而越做越好。

7. 帮助孩子学会与他人合作

如果你家的小宝宝总是不太合作,这可能意味着你的孩子可能有着一定的自主意识。这时需要花些时间思考导致这种结果的可能原因,如环境刚刚改变,孩子刚刚受了妈妈的批评等。有时不合作的行为可能只是宝宝个人独特性格的一种表现,这就需要慢慢来,这个时候可以考虑每天安排多一些宝宝单独活动时间。

有时需要激起他配合的意愿,按照孩子的好奇心与兴趣,可以让他成为你的工作伙伴,慢慢学会与他人合作,让小朋友通过实际行动建立合作的态度,发展出对个人能力的自信。当你的孩子确实配合完成指定的工作时,要及时嘉奖他,并且具体说出值得赞许之处。在与小朋友的合作时,要给孩子交代清楚并

做出适当的引导,以免让你的孩子难以遵循。

8. 何谓行为能力倒退期

一向比较独立的大孩子一下子变成了胆小依赖的小宝宝。别担心,这是因为他走进了"行为能力倒退期"。只要给予孩子足够的爱和安全感,就能让孩子重新变得勇敢起来。

对于大多数孩子而言,忽然退回到小时候的行为状态,这表明他们正在承受成长过程中所遇到的痛苦。在他们的心里,现在的生活充满了挫败感,他们适应不了生活中的变化,他们害怕长大要承担的责任。因此,孩子选择退回到更小时候的行为状态,来逃避现实,减缓内心的压力。这时候,孩子最需要的是父母给自己的一个保证:父母是爱他们的,父母依然会照顾他们,他们依然可以依赖父母。

当孩子出现行为倒退时,爸爸妈妈可以给孩子一定的帮助,可以通过一些小方法来帮助孩子重建自信心。例如,孩子要求妈妈帮忙穿衣服时,妈妈可以提议和孩子分工合作,孩子穿一只裤腿,妈妈穿一只。当孩子要求爸爸帮忙上厕所时,爸爸可以建议他,如果孩子自己上厕所的话,爸爸可以陪他玩游戏。

很多时候,孩子并不是真的失去了这些行为能力,他们只是想获得父母的帮助而已。因此,父母多给孩子一些鼓励和认可,多给孩子一些锻炼的机会,就会逐步地让孩子重拾自信心。另外,不要忘记给孩子庆祝他的每一次小小成功。在孩子缺乏安全感时,就要毫不吝惜的给予孩子关注和爱。

孩子总会慢慢长大,也许他会不时地出现倒退行为,但是只要有爸爸妈妈的理解和帮助,随着身体和智慧的增长,孩子终究会自立。

9. 让孩子自由放飞

小孩子都喜欢画画,让孩子随意涂鸦,而不是教他学习绘画技巧,虽然孩子画出来的可能只是一团乱麻,但是那里有他的内心世界、他的想象。有条件就带孩子到野外去,让孩子多亲近自然。观察树叶、捕捉昆虫,这远比书上抽象的内容更容易理解。大一点的孩子,可以让他们帮助妈妈做家务,如做饭做菜,从买菜、摘菜、洗菜、切菜到炒熟的过程。如果孩子能够参与其中,他会明白,一件

复杂的事情,需要按照程序和步骤来做。同时,也能明白一顿饭来之不易,会懂得珍惜。

要遵循孩子早期发展的自然规律,容许孩子按照自己的步伐成长。多让孩子接近大自然,给他一个真实的而不是书本中的世界。这样,孩子的心智会更成熟、更健康,有利于今后在学龄期开始的知识性学习。

三、沟通、交往和自我体验

1. 早期的沟通力

这是指宝宝通过他人的表情、手势、动作、语言来理解他人的感受和愿望,以及通过自己的表情、手势、动作、语言向他人表达自己的愿望,使他人理解自己的感受,从而进行社会交往的能力。

沟通、分享和交流使宝宝的学习具有现实意义,并使宝宝的学习兴趣得以维持和发展。例如,家里来了客人,5个月的宝宝会对着客人微笑,听到大人谈话,也会咿咿呀呀地说,如果这些没有引起大人的注意,小家伙就会开始扭动身体。如果仍然不能打断大人的交谈,他会大声地叽叽咕咕,直到大人注意他为止,这就是沟通力的最好体现。

孩子的人际交往能力同样是需要时间去学习和掌握的,这个学习的过程,要通过属于孩子自己的游戏和活动来实现,而不是大人灌输给他。遇到合适的场合都可带孩子"光临",这样就满足了孩子渴望交往,渴望得到他人接纳与认同的意愿。

培养孩子的交往能力,可以让幼儿学习一些语言或非语言的交往方法,丰富幼儿交往策略。将人际环境从家庭延伸到邻里,再到幼儿园、学校和社会,以巩固幼儿交往技巧,发展幼儿礼貌待人、主动交往、友好协商、谦让合作的技能。

2. 不要过分干预孩子之间的交往

孩子为了得到他人的接纳,可能会表现出迁就他人、宽宏大量的行为,家长为此觉得孩子受委屈、受欺负了,有的家长甚至出面干涉或阻止他们继续交往。孩子的迁就等行为往往与他日常的孤独和缺少伙伴相关。当然,并不排除可能是孩子软弱、缺乏主见。但是,家长不能因此而剥夺了孩子交往的权利。如果发现确实是因为孩子本身的性格特点所致,家长应注意教育孩子,在他每次与小朋友交往中,家长仔细观察,等到小朋友离开后,再帮助孩子进行分析,指出他哪儿做得不对,哪儿做得对。不对的地方要告诉孩子应该如何做,做得对的地方要给予表扬。

对于这些比较孤独和缺少伙伴的孩子,父母应当抽出一定时间多带宝宝在小区、公园或有儿童游乐的大商场与别的宝宝一起玩,以弥补当下孩子缺乏交往机会的生长环境。家长可以提供一定的情景,加强对孩子的引导与训练。假如他还不能掌握交往的技能,就不会得到同伴的认同,甚至受到冷落或孤立,这会为孩子社会性的顺利发展带来阻碍。

3. 帮助宝宝不断融入人群

在日常生活中,可以把全家的合影挂在宝宝视线所及的地方,让宝宝每天能看到这些照片。同时可以利用空余时间,指着照片,把爸爸妈妈还有爷爷奶奶、外公外婆的名字,职业等告诉宝宝,增加宝宝对自己家人的认识。

在每日的活动中通过讲故事,或让宝宝看以小动物为主的小画册,通过爸爸妈妈的讲解,使宝宝了解小动物们此时此景的心情,从而增加宝宝对他人内

心世界的洞察能力,同时,也可使他们学会与他人共欢笑、同悲伤的移情能力。

随着宝宝一天天长大和与外界的不断接触,他们渐渐地知道外面的世界是由不同的人组成的,每个人都有自己的独特之处,人际交往发展较好的宝宝很容易与他人建立积极的信任关系,从而促进了他们向别人学习的动机。

4. 与生俱来的创造力

父母无法教会孩子如何更具有创造力,但可以为孩子创造一个能激发创造力的环境,父母在从小培养孩子的创造力方面扮演着重要的角色。应鼓励孩子提出问题,无论这些问题听起来多么可笑。如果你不能回答,可以暂时将问题记在能看到的地方,然后去寻找答案。不断的斥责和阻止孩子提出问题会严重扼杀孩子的创造力。

为孩子提供一些在玩耍时能够融入一些想象力的玩具。例如,一个空盒子和几支蜡笔就是很好的玩具,它们可以让孩子与生俱来的创造力充分发挥。积木、拼图和即兴游戏也有助于刺激孩子的大脑。

对孩子所做的种种探索行为应持积极、肯定的态度,鼓励孩子在生活中提出不同的见解,并对其中的疑问进行积极的探索。即使父母认为孩子的某一行为并不具有积极的效果,也不必过多地干涉,而是让孩子在探索中逐渐认识到自己的问题,并予以纠正。

5. 技能远远不及孩子的创造力

儿子在幼儿园有绘画课,一次妈妈去接他,看见儿子正在认真地涂抹,他告诉妈妈,他正在画一架飞机,看着那分辨不清的形状,妈妈连说带比划,告诉儿子应该怎样画才是飞机的样子。旁边的阿姨听了,走过来提醒说,不要用大人的标准对孩子的创造力进行好坏优劣的评价。"孩子所做的都是最好的,他不需要变得更好"。后来妈妈留意观察,发现幼儿园老师教授绘画实际上就是一堂游戏课,是一种自然发挥的方式,就是把画板和颜料放好,然后任由孩子们涂抹,决不加任何限制。在她们眼里,具体的绘画技能远远不及孩子的想象能力和创造性重要。

一些父母对孩子的探索活动常常持否定的态度。他们把孩子自己进行的

"探索活动"视作"胡闹"而加以制止。一个聪明的家长看到自己的孩子在拆一个组装玩具，爸妈静静地观察着，若能装回，爸妈会毫不吝啬地称赞孩子，若是不能装回，他们会与孩子一道把组装玩具组装好，甚至鼓励孩子再拆卸掉，重装一次。

6. 幼儿的自我控制能力

幼儿的自控力差同其受教育的环境有关，如果周围成年人经常溺爱他、迁就他，任其所为，那么孩子必然失去自控力。

对幼儿自我控制力的培养，最初可以在生活习惯方面，如要求孩子准时起床、准时就寝，按时进餐，不偏食、挑食等做起。随着孩子年龄的增长，对他的自控能力培养着重于社会道德规范和社会责任心等方面，如要求孩子在集体中要遵守集体规则和纪律，不可随心所欲地侵犯别人的利益等。

培养孩子良好行为习惯时，大人要坚持说理，要让孩子知道"要这样做，不可那样做"的道理，让孩子用这些道理来评价判别自己的行为是对还是错，这样他就会以此来约束自己不做不该做的事情。

7. 自我意识决定孩子的成长取向

宝宝每次发出"拿、拿"的声音时总是能够得到家人的注意与照顾，每当做了一个举动之后能够被称赞、让宝宝和家人都很高兴，因而获得自己是重要的、被肯定的认识。这些都是自我意识的基础。

一些家长对"自我意识"不甚了解，因而不知道自己能够给提供孩子什么样的帮助。其实孩子的各项发展都是由认识自己为起点，然后顺利地向外延伸。孩子将来会变成什么样的人、会有何作为，都和自我意识脱不了关系。

自我意识的形成，绝非一蹴而就，而是经历长期的生活经验，以及与身边的人互动中一点一滴累积而成。正是这些乍看起来再平常不过的活动，对婴幼儿来说都是宝贵的人生经历，若再加上他人的回馈，一切就变得不一样。

8. 孩子慢慢有了自我意识

乐乐2岁了，1岁半时看到邻居阿姨、奶奶，只要妈妈提醒一下她会乖乖地

叫上一声"阿姨、奶奶"。可是现在你再要求她叫"阿姨、奶奶",她常常不叫,妈妈很尴尬,觉得孩子是在退步,很担心。

遇到这种情况如果进一步深究一下,你会发现,这是由于孩子自己慢慢有了自我意识造成的,随着孩子一天天长大,有时慢慢出现了一种害羞、胆怯的感觉。见到一个陌生人,过去都是外人给了他一个力量,而现在他有了自己的判断,在判断之后,还会有一个选择、一个决定的过程。面对这种现象的时候,爸妈应该淡定,不能强迫孩子一定要做到什么,孩子在成长过程中给家长造成一个小的困惑并不奇怪。

培养幼儿积极的自我意识是幼儿健康心理和人格形成的核心内容,幼儿对自己的认识来源于成年人的尊重、认可和夸奖,从而形成积极的自我意识和自信心。家长要学会寻找每个幼儿的闪光点,恰如其分地让孩子相信自己是有能力的,时时以肯定的语气鼓励孩子的进步,让孩子相信"我能行"。

9. 孩子自我形象的确立

学龄前的孩子对自我的看法,仍比较倾向于从他人的反应得到的信息,如生活上被照顾、被回应的经验、大人对其行为好坏的赞美或贬抑等。长期接受负面信息的孩子,对自己的能力、价值通常持有比较负面的态度及评价。家长别以为孩子年纪小,而忽视自我概念对他未来发展的影响。

可以利用幼儿群体的力量和以强带弱的优势,帮助胆小自卑幼儿找能干幼儿做朋友,达到双方共同提高的目的。不经意之间的任何伤害、贬低孩子自尊心、自信心的语言和教育方式,不能使孩子感受到自我的尊严和价值,反而使其孩子自我意识的升华受到伤害。

努力用亲切的微笑驱散孩子的自卑,用信任的目光消除孩子的胆怯,用慈爱的抚摸鼓励孩子的进步,用赞赏的话语肯定孩子的成功。在孩子需要时"好孩子,你真棒!""妈妈相信你能行!""别害怕,你一定会成功!"等话语会注入孩子们的心田,唤起了他们的活泼、开朗和自信。

10. 教育孩子不能采用统一模式

每个人的遗传基因和后天的家庭、环境、教育都有所不同,这就造就了人与

人之间个体差异的客观存在。具体来说,人与人之间在气质类型、个性结构、认知风格、智力水平等方面均有差异,所以在孩子良好行为习惯培养过程中一定要关注个体的特点,不能使行为习惯的训练成为机械的固定模式。

习惯的形成需要一定时间,不是一天两天就能形成的。在一段时间里父母对孩子的要求和幼儿园是否一致,家里成员对孩子的要求是否一致,都会影响孩子良好习惯的形成。因为孩子还缺乏判断力,成年人对他要求不一致,会让孩子不知该怎么做,难以形成良好的习惯。

四、让孩子锻炼,不要怕他们做不好

1. 不能求全责备,更不能包办代替

让孩子锻炼,不要怕他们做不好,不能求全责备,更不能包办代替。对于孩子独立去做的事,只要他们付出了努力,无论结果怎样都要给予认可和赞许。如果父母能因势利导,放手锻炼并从旁支持、鼓励与帮助,孩子的独立性便能得到良好的发展。

过度照顾、保护或经常否定儿童的做法,不但会使儿童无从感受到自己的能力,失去成功的体验,而且会因缺乏必要的生活自理能力、活动能力、交往能力等,一遇到困难就不知所措,畏缩不前,从而表现出消沉、懒惰、自卑等。

一些家长因过度保护,希望孩子表现超前和怕孩子犯错误,而直接帮孩子处理大小事物,结果反倒剥夺孩子的练习机会。然而,孩子本来就需要由不断的尝试、修正,达到社会认可和自我认同的平衡,借此累积自信心。如孩子能有充分表达自己或探索的机会,他会感觉到被信任,对建立自我概念有很大的益处。

2. 在人际交往中获得经验和能力

有些孩子交往能力差是家庭教育不当造成的,典型的错误观念如认为孩子不需要与人交往,怕孩子在交往中受欺侮,也怕孩子在与人交往中沾染不良习惯,天长日久,孩子的交往需要便会逐渐减退,变得不合群了。

正确的做法是家长放手让孩子与家庭之外的人交往,从与人交往中感到快乐,学到知识,得到发展。鼓励孩子与人交往的方式很多,可以请年龄相当的孩子、邻居伙伴来家做客,也可带孩子到亲朋好友家串门,还可以带孩子参加适当的亲子活动。

人际交往中免不了出现不同类型的矛盾或不适应,遇到这种情况家长不要包办代替,要让孩子自己解决。解决问题的过程也就是提高人际交往能力的过程,在解决矛盾时孩子便学会了理解、宽容、据理力争,锻炼了语言表达能力和思维的逻辑性。对孩子来说,"过程"的重要性不亚于结果。家长应多肯定他尝试的意愿、过程中的努力,否则容易给孩子一种错觉,即他的价值好像只建立在结果的好坏之上。

3. 无声的语言

豆豆早上起床后从不叠被,妈妈提醒过几次,但效果不理想。一次,妈妈告诉豆豆,楼下亮亮的妈妈说亮亮真乖,每天总是自己把床被打理得整整齐齐。豆豆听后表面上不以为然,但渐渐地自己动手学会了叠被。豆豆的妈妈在表扬或批评豆豆时,没有用过多的语言,而是采取一种迂回的方法,用讲故事、打比喻、作比较等把自己的观点巧妙的"点"出来,让孩子心领神会,在一种柔和的气氛中接受教育。

还有一次,家里来了客人,豆豆有了小伙伴高兴得忘乎所以,发起了"人来疯"。他一会儿狂笑,一会儿尖叫,连爸爸的眼神也视而不见。于是爸爸猛地皱

起了眉头。这下,豆豆总算看到了,声音也降低了不少。豆豆的爸爸也很善于用表情传达多种信息,如肯定、同意、可以、不能、不该等。要阻止孩子做某件事,你对他轻轻地摇一摇头或是皱一皱眉,爸妈与孩子的心灵立即得到交流,孩子的自尊使他觉得自己已经是个大孩子了,要听话!

4. 不妨顺着孩子的意图

每个孩子都有优点,都有表现欲,发现孩子的优点并加以赞赏,会让他更加乐于表现。孩子画了一幅画,也许画得不是很好,可孩子作画的热情和认真劲儿就是最大的优点。当孩子把画捧给你看时,不能轻描淡写地应付几句:"画得不错,好好练。"这样会让孩子对画画失去热情和信心。应该用赞赏的语气肯定他的作品:"想不到我的宝宝画得这么好,那个小汽车的颜色真漂亮!"孩子的表现欲得到了满足,有了快乐的情绪体验,对画画就会更有兴趣。

果果是个女孩,现在快2岁半了,最近这一段时间,特别喜欢扫荡家里的抽屉和柜子,翻得满屋子都是东西。没事还喜欢拿着笔四处涂鸦,涂在身上、衣服上、床单上,妈妈想要阻止,但又担心这样会伤害了孩子。

一位有经验的幼教老师听说后告诉果果的妈妈:对于孩子来说,这是一种非常有意思、对她成长有益的探索行为,家长不应该打压她。相反,还可以利用她这个阶段的特点,创设条件满足她的这种需求,激发她的想象力与创造力。比如,可以买一些大白纸糊在墙壁上,或者买一些便宜的白布,让她画着玩。给孩子买一些水粉颜料与画笔,让她画个够。

5. 孩子的独立愿望

应当尊重儿童的自主性、独立性,放手让他们在活动中发展。一旦孩子能沿着独立的道路前进,那么深藏在个体内部的各种潜力就能获得充分的发展。其实,孩子本是有独立愿望的,婴儿从刚刚学步开始就想挣脱大人的怀抱,尽管跌跌撞撞,但却表明他的愿望。到了两三岁,随着自我意识的萌生,独立的愿望更加强烈,什么都想要"我自己"了。

年幼的孩子总是在反反复复中感受着劳动的乐趣,独立做事的快乐。从不会做到逐渐学会做,从做得不像样到做得像模像样,这是必然的规律,从中孩子

也获得了自身的发展。

要充分了解宝宝的性格,知道宝宝对什么感兴趣,并且能够提供多种机会,给他足够的时间,做他感兴趣的事,那么宝宝觉得无聊或是沮丧的可能性会大大减小。在很长的一段时间里,他都有事可做。这样做的另一个好处对父母颇具诱惑,它能避免不少你和宝宝的冲突,让你少说很多的"不"。一旦你的宝宝自己会在房间里爬来爬去,自由移动自己的身体的时候,爸爸妈妈就得注意家里的环境是否足够安全,是否方便和鼓励孩子的自由探索。

6. 信任是管教的基础

你照顾孩子的时间越多,孩子会越信任你。想让孩子正视你为权威角色,就必须先让他信赖你。孩子信任你以后,就会发展出一种内在的正直感,这是婴儿行为的基础。

要是婴儿心中觉得一切妥当,他的外在行为也不太会有偏差。孩子的外在行为通常反应他的内在思想,孩子若信任你,就比较容易把你视为一个权威人物。在孩子一岁前,让你和他之间建立起一种信任感,这就是管教的开始。孩子哭了,父母就该赶紧回应孩子的哭叫,抱他、哄他,也许这个就是你的第一个"管教行动"。让孩子知道他处于一个父母会响应他的需要的家庭,这就是权威的开始。

7. 后天因素对儿童个性的影响

生活在充满爱心的环境中,儿童经常体验到愉快、轻松的情绪,他对别人的关心也会报以信任的态度。但生活在缺乏爱心的环境里,而且经常受到斥责的儿童,常常会消极对待他人的关怀。经常受老师赞扬的儿童自信心会很强,而不受老师重视的儿童常会表现出自卑的倾向。这种情绪反应固定下来以后,就会成为儿童的个性特征。

儿童的个性不同,对社会及他人的态度也不同,有爱心的儿童会同情弱者,乐于帮助他人。而缺乏爱的儿童则会冷漠地面对社会,面对困难。从小娇生惯养的儿童会缩手缩脚,能干的儿童则会尽快地想办法去解决问题。

儿童的个性在与人交往的过程中,会通过行为逐渐显示出来,父母如果能

及时掌握儿童的行为方向,并正确地加以引导,那么儿童会变得自信心十足、并富有同情心、乐于助人,从而成为一个幸福快乐的人。

五、爱、理解和坚持

1. 慷慨的爱

一个 4 个月大的宝宝又哭了,而妈妈半小时前刚刚给他喂过奶。是不是要把孩子抱起来,爸爸的意见是让他哭去。其实,这种做法是错误的,因为宝宝是通过哭来告诉你他有需要。尽管你不知道他到底需要什么,也要试着抱着他走走,再喂喂他,或给他唱唱歌。宝宝需要知道你会为了他待在那儿,即使以上原因都不对,他只是想让你抱一抱也无妨。

对于 1 岁之内的小宝宝,"娇惯"比"严厉"的效果要好。当你一次又一次把宝宝抱起来的时候,不要怀疑是不是自己屈服了,过于"严格"的成人化要求现在还不到时候。请放心! 你的"娇惯"也不会让他有过分要求或是"被宠坏"。

对于 1 岁之内的宝宝是不可能被宠坏或被过度溺爱的,因为他知道你会认真对待他的要求和需要。这也意味着最终你的孩子会有更多的安全感和更少的焦虑,以后到该设定界限和制定规则的时候,他也会对你有信心,即使在你惩罚他时,也明白你是爱他的。

2. 耐心、宽容和等待

父母作为子女的主要照顾者,同时也是引领、提供孩子最初社会化经验的人,孩子会朝着自信或自卑哪个方向发展,其实就在于亲子互动的基础。因此家长不妨想一想自己的教养方式,在心与心碰撞的过程中,是不是在以高尚的品格影响孩子、感染孩子。

在孩子渴望变成一个可爱小宝宝时,不要用不耐烦和斥责来回应他,需要的是耐心、宽容和等待。在育儿过程中,要让孩子从父母那里获得足够的爱,妈妈必须学会如何向孩子表达爱。孩子经常啼哭、反抗、不听父母的话,这全都是

"需要父母的爱"的信号。

将点点滴滴的爱心倾注在每一个孩子身上,时刻用乐观的情绪、柔和的表情、适度的动作、温柔的语言与每个孩子进行情感接触和交流,对每个幼儿都充满信心,让孩子们在爱的摇篮中长大。

爱是很广博的,爱父亲、爱母亲、爱动物、爱身边的一切,童年时代主要是父母之爱。宝宝通过观察他的父母,学会了与人交往。假如宝宝能够通过观察父母的行为,在幼年时获得这种爱与被爱的能力,说明父母已经把幸福的理念种在了孩子的心里。

3. 爱的丰富内涵

父母给孩子的爱每个人都会有,亲情是天生的,可是爱的能力是需要学习的。因为父母常常第一次去做,他对早期教育或对孩子爱的知识、方法、能力、技巧,尤其是在系统性上是欠缺的。所以他们是有爱的欲望,有爱的付出的要求,但是真正在爱的能力,或者爱的系统性上,需要认真的观察、思考,善于向身边有经验的人去学习。

爱有十分丰富的内涵,不单指情爱,还包括关怀、安慰、鼓励、帮助和支持等。年轻的爸爸妈妈,不论是宝宝进步时的兴高采烈,或是在宝宝跌倒时表现出怜爱,甚至在批评、惩罚宝宝时都必须有着爱的支持,让爱能伴随宝宝的一生。

幼儿有着得到爱、爱别人的需要。通过爱心教育,使幼儿得到爱的满足和学会从爱别人得到快乐,提高能力和自尊。爱是幼儿健康发展的"精神食粮",是幼儿生活中的"阳光"。因此,爱能使幼儿获得安全感、满足感和幸福感,使其心理得到健康成长。

4. 养育孩子原本是件快乐的事

父母都期待着孩子的出生,对孩子的成长寄托梦想。但现实是,孩子的频繁啼哭,使得照看孩子很耗精力,妈妈们再也没有了自己的时间。渐渐地,有的妈妈就产生了诸如"养育孩子好难""简直是煎熬"等一系列负面情绪。有的甚至认为这与当初的梦想和期待完全相反,因而认定育儿是件很辛苦的事情。

93

但也有的妈妈始终坚持:"养育孩子真是快乐!""婴儿可爱得不得了!"如果觉得育儿很快乐,就说明妈妈的心与孩子融为一体,她们看到的宝宝经常笑呵呵的,不怎么哭,母子之间建立了很好的信赖关系。这种孩子的接受能力非常强,不论妈妈教什么,他们都能很快学会。因此对父母来说,育儿也就成了一件令人欣喜的事。

5. 爸爸,我的好爸爸

对于乐乐来讲,她最喜欢的人就是爸爸了。以前每每问她:"乐乐,谁好呀?"乐乐总是不假思索地说,"爸爸好"。现在小家伙长心眼了,知道要顾全大局,"爸爸妈妈都好"。但是妈妈明白,在她的心里,爸爸是最疼爱他的人。爸爸几乎和妈妈一样每天负责乐乐的衣食住行,无微不至。

在乐乐的眼中,爸爸是个无所不能的"魔术师"。爸爸总是嘴巴里念着"变变变",便会有好吃的拿到面前,如牛奶呀、苹果呀、点心呀等等。所以,在乐乐的眼中,爸爸是个会变出很多好吃的"魔术师"。

在乐乐的眼中,爸爸还是个故事大王。乐乐从小喜欢听故事,现在自己能说出很多故事的名字,有的故事还能记住里面的内容,比如《拔萝卜》《小马过河》《大灰狼和小猪》等。每天晚上入睡前,乐乐肯定是要听故事的,当然这个光荣而神圣的任务交由爸爸完成,因此称职的爸爸也获此殊荣——故事大王。当然,这个职称不仅是因为爸爸坚持讲故事,而且是因为爸爸还会编故事。不过这样呢,正好可以引导孩子发挥想象力了。

乐乐在爸爸跟前则表现得很兴奋,大多数爸爸的动作一般比较粗犷并喜欢通过身体接触的方式与宝宝一起玩耍。爸爸抱宝宝的姿势很随意,爸爸对宝宝传达爱的方式很容易渗透到宝宝的身体上。经验告诉人们,父亲在宝宝个性形成和行为塑造方面确实起着非常重要的作用。在一个温馨的小家庭中,父亲与母亲哺育孩子的方式不同,虽然母子之间的情感密切而稳固,但作为爸爸完全可以加入进来,并与宝宝融为一体,让婴儿认识你这位父亲。

6. 爸爸的爱的优势

父亲在宝宝成长中发挥的作用与母亲不同,宝宝在妈妈面前往往表现得很

安静,这是因为妈妈通常都用相同的方式对待孩子,轻柔而平和,爸爸则表现出男人刚毅果敢的一面。

图图的爸爸是公司的一位老总,他每天上班总是一个人驾车独往,绝不让刚刚上学的儿子图图顺道搭车上学。一天,图图有些感冒,走路也有点困难,他央求爸爸送他一程。"不行!"爸爸斩钉截铁地回答。图图只好背起沉重的书包沿着大街慢慢向学校走。半路上当他正想走上高高的天桥时,突然发现爸爸站在大桥底下等着他。爸爸见了图图,什么也没说,只是掏出手帕擦去儿子的泪痕,然后一手拉着图图,一手为儿子提着大书包缓缓地跨上一级级台阶。"孩子,不要怪爸爸,你现在是学生,不能坐车上学。将来你长大有出息了,一定能买辆比爸爸的车更好的车,开着车去上班。"图图的眼圈有些发红。爸爸这种特殊的育儿方式,告诉孩子做人要坚强,爸爸把爱藏起了一半,爸爸并不是丢弃了另一半爱,而是爱得更深沉,更高尚,更科学了。

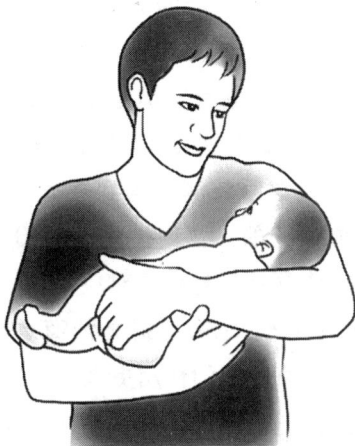

7. 百依百顺不会给孩子带来幸福感

娇娇是个活泼可爱的孩子,但有点"贪心"。每次父母答应她什么要求,她就马上加码。有一次她想要布娃娃,爸爸就给她买了一个。谁知道她才拿到手,又眼馋地盯着另一个,爸爸不忍心,把另一个也买下了。但离开商店时,娇娇仍旧满脸委屈:"爸爸不好,才给买两个布娃娃!"类似的情况发生了很多次,娇娇爸每次都因为受不了女儿的眼泪而选择了妥协。其实,这不是孩子天生贪

心，而是家长对孩子的欲望不加控制的结果。所以，在孩子提出过分要求时，家长要坚决抵制。这个时候的坚决拒绝会让孩子体会到规则的威力，以后提要求就会慎重。

当孩子要钱、糖果或玩具时，父母都无条件的满足他们，孩子会误以为自己是整个世界的中心，变得自私而不懂得体谅。幼儿期若是有求必应，孩子没有机会学习如何控制自己的欲望。如果不从小训练孩子忍耐，等他长大进入社会，遭遇各种困难与阻碍时，当然无法克服与适应。因此，父母应透过各种实际状况，从小建立孩子正确的金钱观、价值观是非常重要的。孩子在家庭里学会适度地提要求和控制自己的欲望，长大后与人交往才不会有挫折感。

8. 打造孩子的完美情商

0～3岁孩子脑部会发育到成人的三分之二，其精密的演化速度是一生中最快的阶段，这一时期也是情感能力发展的关键时期，人的情商萌发这时已经开始了，进而在整个童年时期逐渐形成。宝宝学习爬行、学习儿歌、看图识字，这些都是用来解决抽象问题的，属于智商。但宝宝还要学会与人交往则要运用情商去解决。对婴幼儿健康成长而言，爱心与责任感属于"情商"。

智商是一个商数，可以通过系统测试得到数值，并可从这个数值度量出智商的水平，而情商则是不能计算的。智商受先天的因素影响多，后天改变比较难，情商则可以后天培养。情商是与智商相对应的，每个人都是它们的结合体，人们既需要提高自己的智商水平，也需要提高情商水平，只不过在社会关系日趋复杂的今天，情商时常比智商所起的作用更大。

9. 什么时候该给孩子"定规矩"

一个1岁以下的小婴儿嬉笑地把玩具扔到地上的行为，和一个3岁小孩子知道弄一团糟后爸爸妈妈要来清理的行为是有区别的。通常在1岁左右，当你的孩子能够了解到自己在做不该做的事情时，就是转折点出现的时候了。如果孩子的眼睛看着你，仍然去做一些他似乎知道不应该做的。这时就一定及时指出他的不对，并把应该去做的告诉孩子。

如果孩子把餐椅下面弄得乱七八糟，你要把他抱起来放到地板上，让他捡

起一个玩具递给你,这样他就是在"帮"你收拾了。把你正在做的事情告诉他:"好了,我们把玩具弄了一地,所以我们得收拾干净。"然后把他放回椅子上,给他一些别的东西吃,或者再做其他游戏。

宝宝在从半岁到两岁的这段时间,应当在与孩子的交往中不断给孩子"定规矩",让宝宝经历令他不愉快的"定规矩"的过程,才能保证他以后成为一个"快乐的孩子"。

随着宝宝一天天长大,你得让他明白,虽然他年龄小,相对家里的大人有一些特殊,但是他并没有比其他家庭成员享有更多的特殊权力和待遇。如果你打算等到宝宝更大一些,再来制定执行规矩,就太晚了,对你和宝宝都非常困难,而且也非常痛苦。

10. 鼓励正面行为

当你对1岁以上孩子的行为满意时就告诉他"宝宝做得好"。而不是只在他做错事的时候才大声说出来。合格的家长要养成鼓励好行为而不是只讲批评的习惯,这样最终更能收到效果。

午睡时间到了,你可能要和你那个时常反抗的孩子来一场睡觉大战。你可以通过称赞孩子哪怕是很小的积极行为:"让你不玩积木你就不玩了,做得真是太棒了!这样我们就能有更多的时间来读一个故事了。如果你立刻躺下,我们甚至还有时间读上两个故事。"不停地赞扬孩子午睡程序中的每一个进步,并用故事或歌曲之类的奖励让他知道这一切都是值得的。

11. 请孩子来帮忙

小孩子天生有与人协作的愿望,对于一个1～3岁的孩子来说,这种愿望尤为强烈,只是很多时候孩子的父母没有注意到这一点。孩子早在1岁半时就已经完全具备了无私和协作的品质。想证明这一点的方式很简单。如果你假装"费劲"地抱着一篮子蔬菜去厨房,当你故意把蔬菜撒落在地上,孩子就会赶快跑来捡起蔬菜递给你。

让你的孩子参与家庭中的日常事务,这样他就明白大家需要一起工作。引导孩子乐于助人,因为帮助人是最重要的生活技能之一。父母可以安排一些孩

子能做的事情,不管是洗菜还是整理衣服都可以,这样一来,孩子就会觉得自己和家里其他成员一样,自己并不是一个特殊的人。

12. 要让孩子学会等待

应该让孩子从很小的时候就懂得,许多事想要立即得到满足是不可能的,要学会等待,在等待的过程中,孩子的控制能力自然而然地会得到了发展。1~2岁的宝宝都爱发脾气,这是因为他们还不能控制情绪。当孩子因为不能随心所欲而生气时,就会发脾气,在这种情况下,不论采用哪种方式,先让他平静下来。

有经验的家长都知道,在平息孩子这场情绪风暴之前,不要试图和他谈论发生过的事情。而一旦风暴结束,又不要因为如释重负就不再谈论这件事情。相反,你要重新回到刚才的场景中,这个时候正是纠正错误的时刻。你的宝宝不想穿衣服,大发脾气,把玩具车扔得到处都是。等他平静后,你要把他领回到玩具车的地方,平静但坚定地告诉他现在要把玩具车都捡起来。

六、和老人一起科学育儿

1. 隔代教育是无奈之举

隔代父母为年轻父母全身心投入工作奠定了"后方基础",隔代父母对孙辈所具有的亲情关爱,是任何育儿机构或保姆都无法比拟的,这有利于孩子获得心理上的支持和情感上的安定,为年轻父母解除了后顾之忧。

隔代父母在抚养和教育孩子方面有着丰富的实践经验,能充分了解孩子各个年龄段的生理和心理变化。他们有充裕的时间和精力,而且乐于为孩子奉献,这使孩子在生活照料和人身安全等方面有了实质的保障,也为孩子接受早期教育奠定了物质基础。隔代父母能够更耐心倾听孩子的心声,和孩子进行交流、沟通,了解孩子各方面的需要。随着社会结构的不断变化,隔代教育既是无奈之举,也是必须之举。

当今社会竞争激烈,不少年轻父母都会不自觉地把紧张气氛带入家庭,过早地使孩子参与竞争,剥夺了他童年本应有的快乐。而隔代父母大多已经退出了社会竞争的主流,拥有相对平和的心态,他们更容易冷静、客观地分析孩子的需要,使孩子拥有轻松快乐的童年。

我们民族有许多优秀的文化传统和艺术瑰宝,成功的隔代教育会使孩子对此有所了解,并使其得到有效的传承和发展。另外,经济的高速发展使社会风气变得日渐浮躁,成年人不免会沾染上诸如急功近利、铺张浪费等不良习气。老一辈朴素、坚毅、不怕困难、乐于奉献等优秀品质,在当今社会里也就越发显得可贵,能够为孩子灌输更多做人的道理。

2. 两代父母的取长补短

隔代教育有着亲子教育无法比拟的各种优势,也必然会存在一些问题和弊端。但无论存在怎样的弊病,隔代教育的初衷始终是朴素善良的。曾经有位爷爷对当父亲的儿子说:"孩子是你们的,也是我们的,但是归根到底还是孩子自己的。"所以,只要以孩子的健康成长为出发点,两代父母共同努力"查漏补缺",隔代教育就一定能够做得更好。

隔代抚养和被保姆带大的孩子,出现心理问题的情况比较多,在他们的生活中,缺少与同龄伙伴的接触,又被过度保护,这都致使孩子在成长中出现这样那样的问题。一些老人把生活的重心放在孙辈身上,为孩子"全方位服务",不管孩子的要求是否合理都予以满足,容易使孩子刁蛮任性、意志薄弱、缺乏独立性,日后难以与人相处。

有的隔代父母观念陈旧、知识老化,教育孩子的观念和方式过于传统,影响孩子接受新知识的速度,不利于孩子形成创造性思维和自我超越的性格。年轻父母思想解放,观念更新快,而且是社会主流的活跃分子,接受的知识信息更多。因此在给老人创造机会更新思维的同时,也要亲力亲为,培养孩子富于创造性、知识结构合理和容纳性强的思维方式。

3. 从单纯的"疼"转化为"教"

由于父母工作忙,东东从小和爷爷奶奶一起生活。东东小时很淘气,但爷

爷奶奶发现东东很爱看电视，每到这时东东就老实很多。于是，因为怕孩子不听话，也为了孩子安全，老人家经常让孩子看电视，这样就影响了孩子玩耍和减少了孩子自己活动、动手的机会。

近年来，很多人开始指责隔代教育，把家庭教育中出现的不良后果都归咎其中，认为隔代教育给孩子成长带来的都是负面影响。实际上，隔代教育未必是一场注定会输的"仗"，只要注意方法，成功"闯关"，一样会给孩子带来美好的未来。

年轻父母要及时和老人沟通，提醒老人注意对孩子的态度，帮助老人做到挚爱但不溺爱孩子。老人要把养育的态度从单纯的"疼"转化为"教"，对孩子要满足有限，帮助有忌，适当锻炼孩子的动手能力，注意培养他独立的人格和坚强的生活意志。

不方便出门的隔代父母可以邀请其他有孩子的家长来做客，年轻父母也要多带孩子去朋友、亲戚家做客，让孩子学会与人交往沟通。年轻父母要多用自己的活力来感染老人和孩子，老人也应调整自我心态，努力在孩子面前展现出积极乐观的健康情绪。

4. 老人不能代替年轻父母在家庭教育中的主导作用

用知识和经验浇灌孩子的同时，隔代父母要注意摈弃不良的旧习惯，要善于听取年轻人的意见，通过书籍、电视节目和相关培训自觉更新观念，在教育手法和理念上紧跟时代步伐。

隔代教育容易造成年轻父母的责任缺失，使亲子关系淡漠，并演变为"亲子隔阂"，甚至把孩子培养成人视为隔代父母的责任和义务。年轻父母即使工作再忙，回到家里也要多陪伴孩子，及时了解孩子在幼儿园、学校的情况，和孩子交流想法。这样才能增强与孩子的互动，感受孩子的喜怒哀乐，让孩子感受到父母的爱。

老人要清楚自己的定位，可以协助料理孩子的生活和教育，但不能代替年轻父母在家庭教育中的主导作用。要为亲子间的交流创造机会，重视"父母之爱"对孩子健康成长的必要作用。

由于年龄和文化程度的差距，年轻父母和老人间容易就孩子的教育方式产

生分歧。两代父母要注意协调关系,有分歧私下解决,不要给孩子造成家庭不和睦的印象。要以孩子的健康成长为出发点,积极沟通协商,解决矛盾纠纷,在教育孩子的原则问题上达成共识,协调出培养孩子的共同标准。不管有多忙,爸妈都要记得带着孩子去拜访祖父母们。

第四章

幸福宝宝慢慢长大

一、孩子听,孩子看

1. 宝宝幸福的每一天

每天看到的都是一张张笑脸,没有催逼,没有训斥,无忧无虑,妈妈全身心地爱抚是宝宝得到的早期教育的全部。宝宝的表现也没有让爸爸妈妈失望,宝宝的每一天都会给你一个惊喜,身体的快速成长,动作发育的不断完善,宝宝的眼神在不断地传递给你他的满足,他的幸福感。如果孩子能经常有一张笑脸、一副轻松无忧的表情,那就意味着,你的孩子很幸福、很健康。

在不过分的情况下,应该多给孩子一点自由度让他享受欢乐幸福的童年。孩子的时间其实不应该每一分钟都被控制,家长必须留给孩子一点"捣乱"和"做白日梦"的时间。有想象力才有创造力,"自由联想"是创造力很重要的一个来源。

不能用同一把尺子来衡量孩子是否正常,有的孩子发育早一些,有的晚一些。有的宝宝非常容易抚养,有的抚养起来的确要更困难一些。没有对所有孩子都适用的、统一的标准。给孩子听,给孩子看,看着宝宝幸福的每一天,父母的幸福感、成就感就会油然而生。

2. 家庭环境的多方位影响

家庭环境影响是多层次、多侧面的,包括实物环境、语言环境、心理环境和人际环境。实物环境是指家庭中实物的摆设。语言环境是指家庭中人与人的语言是否文明礼貌,民主平等,商量谅解。人际环境是指尊老爱幼,各尽其责等品格。心理环境是指父母与孩子之间的态度及情感交流的状态。家庭环境的好坏直接影响儿童的心理健康,因此建立良好的家庭环境是儿童幸福成长的重要保证。

在了解孩子所处的家庭环境之后,还要认真地重新认识一下你自己,或是妈妈,或是爸爸,比如你们的性格还有你们受过哪些当父母的教育。再有就是

你周围的环境,你的邻居,你的同事,是不是每时每刻都在影响着你,这种影响给予你的是正的还是负的能量。

3. 家庭教育的核心是爱

家庭教育诸多因素对儿童性格雏形的形成至关重要。家庭生活中,儿童受到父爱、母爱,从而满足了精神需要,享有充分的父爱母爱,就像在儿童的心灵中种下一颗幸福的种子。从宝宝的出生到学龄前乃至学龄初期,享有充分的父爱母爱,对儿童身心健康发展比物质的满足更为重要。家庭教育会为今后的学校教育和社会教育打下良好基础。

儿童降生后的 3～5 年,父母在保证其基本生活需要的同时向幼儿传递着一定的社会文化、规范和生活经验,教给他们语言表达和初始的交往能力。只要能够把父母的爱正确地传递给孩子,孩子就会变得听话,教任何东西都能迅速吸收。相反,如果不能很好地把爱传递给孩子,父母说的话就不能进入孩子的内心,孩子的接受能力也会很差,怎么教也看不到进步。

4. 母亲陪伴着孩子快乐成长

做游戏、读书、画画、唱歌,不管做出什么样的选择,前提都是要确保孩子和母亲感到高兴。念书给孩子们听,就好像和孩子们手牵手到故事国去旅行,共同分享同一段充满温暖语言的快乐时光。通过念这些书,讲自己小时候的事情,把一个母亲想对孩子们说的话说完。书里清楚地记载了什么是幸福,什么是理想。重要的是,母亲要用自己的声音,告诉孩子书里所写的事情。

对孩子进行训练时,不能有任何勉强的成分。妈妈应当知道孩子的天性,爱抚和教育的目的是要使孩子的潜能得以发挥。他们所进行的各种引导,就是为了不使孩子的某种潜在素质被埋没。与此同时,孩子在这样的教育之中总会有事可干,不会因为闲得无事犯常见的毛病,如咬手指、哭叫等。

5. 足够的爱和安全感

妈妈与宝宝的心理距离到底多近合适?不可能有一个统一的标准,但保证孩子有足够的安全感是第一位的。因为毕竟孩子处于人生比较柔弱的阶段,很

多大人眼里的小事对他们而言可能是很大的事。还有一些孩子,童年有心理伤害经历,如经历过手术、惊吓或是父母离异等,他们对于特定情景会感到缺乏安全感,这时候需要爸爸妈妈与孩子的心贴得足够"近"。

即便是襁褓中的小婴儿,如有家长妥善的照顾和及时敏感的回应,孩子便能感觉到自己处在一个安全的环境,并产生基本的安全感及信任,这一"安全堡垒"是孩子放心探索周围一切,乃至未来更广大的外在世界之力量源泉。

6. 善于发现和利用婴儿的本能

宝宝一出生就拥有许多本能,给婴儿听音乐,或是在眼睛刚能看得清楚的婴儿面前晃着一张色彩明快的画片或会动的东西,他们都会有各种不同的反应。婴儿在颈部还没长硬之前,听到声音就会朝着发出声音的方向移动,看到会动的东西也会伸出手想去抓,这些虽然都只是无意识的反应,但却是刚出生的婴儿就已经具备的本能。

小孩子都喜欢画画,让孩子随意涂鸦,虽然孩子画出来的可能只是一团乱麻,但是那里面有他的内心世界、他的想象,这就是学习能力开始发达的象征。对婴儿而言,父母是他的全部世界,家则是他惟一的生活环境。要让婴儿的本能顺利的发展,就看父母所造就出来的是什么样的教育环境了。

7. 宝宝在探索中长大

宝宝能够手脑并用,通过敲打、扔、捏、挤、抓等动作,发现其带来的结果,从而理解原因和结果之间的关系。探索力是支持学习活动的关键,是宝宝用来了解、学习周围的人和事物的手段。宝宝在探索中能够体验到学习的快乐,这种快乐又驱使他不断地探索。

要充分满足宝宝的探索欲,3个月的宝宝会把玩具放进嘴巴"探索"一番,这是探索能力的萌芽,到了7~8个月大时,他会摸摸玩具的表面和边缘,上上下下、左左右右地翻转它,还会戳戳它,把它扔到地上听听掉下去的声音,这都是宝宝的探索活动。

宝宝1岁以后,他们可以到公园摘下一朵花,或者拔下一棵草来研究一番,或者观察一块破裂的石头,或者察看蚂蚁的窝巢,观察昆虫的生活习性等。

8. 首先是感觉器官的学习

要让孩子充分地去感觉和探索他周围的真实世界,多感受、多探索、多运动、多做游戏——用嘴、用手、用身体的各个部位去体验,多玩、多爬、多跑跳。如果这个阶段孩子的时间被用于在成年人的引导下的学习或是坐在屋子里看电视,他将失去这个宝贵的发展机会,那么今后弥补起来不仅耗费时间、精力,也是非常困难的。

在人的感觉里,除了我们都知道的触觉、听觉、视觉、味觉、嗅觉5种感觉之外,还包括平衡感、运动感、温暖感、语言感和思想感等。这些感觉是相互作用的,只有当各种感觉得到充分的发展,孩子才能进入到复杂的、更高级的思维水平,才会逐渐具备思考能力、洞察力、自我意识等这些高层次的能力。

女儿出生6周,爸爸买来了一些红色的气球,他们把气球绑在她的手腕上面,这样气球就会随着手的摆动上下飘舞,别提孩子有多高兴了。之后,他们每星期换一种颜色的气球。这样一种游戏,能够使孩子渐渐地得到诸如红的、绿的、圆的、轻的这些概念。

9. 玩车高手

果果2岁半,喜欢车已经很久了,整天在家玩车,这些日子执著地给他的车子们排队,一玩就是个把小时。有时晚上睡觉也抱着车,凡是和车有关的故事都很喜欢。开始时爸妈还有些担心,看看果果全身心地投入和从中得到的快乐,爸爸觉得这没什么不好,有自己的爱好对培养孩子专注的品质应该是有利的吧!

既然如此,爸妈干脆就投其所好,买了一堆和车有关的故事书。例如,《车的故事》《轱辘轱辘转》《加油,警车》《公车来了》等都是他的心头好书,此外买积木时爸妈也买了些和车有关的。在果果的创意和设计下,这些玩具车每天都让他玩出新的名堂,爸妈内心真是惊讶和佩服。有时路过建筑工地,他看到工程车时总是很兴奋。只要能跑的,什么卡车、公共汽车、赛车,他都非常喜欢。实物的、玩具的、图片上的,只要是"车"他都会摆弄很久,真的是很专注,感觉都像一个大孩子。玩车的爱好使孩子的思维、想象、语言和社交,各个方面的发展都

顺畅起来。

　　有一次,爸爸看到孩子指着旧画报兴奋地大叫。仔细一看,原来孩子正指着画报上一则小小的汽车广告。这么小的汽车照片,正是果果玩具车的那个牌子的,真是太厉害了。惊喜之余,爱车的父亲灵机一动,把过期的汽车杂志上的彩色汽车广告统统剪下来,然后将这些精彩、充满速度感的照片贴在剪贴簿里。这独一无二的图画书,成了孩子3岁时的最爱。果果的爸妈想,现在他喜欢就让他喜欢个够吧！总有一天他自己会转移兴趣到另一个方面去。

10. 动作发育,儿童成长的另一窗口

　　随着宝宝一天天长大,3个月的时候可以竖起来抱了,到6个月会坐了,9个月的宝宝能扶着站立并且会爬了,到1岁左右就能摇摆着走路了,谚语称之为"三翻、六坐、九爬"。宝宝的动作发育是评估儿童成长的另一窗口。两三个月后,宝宝俯位的时候,胸部可以抬起来了,头可以抬得很高了。一些家长不大乐于做这样的动作,因为俯卧位的时候确实是需要用力气的,我们看到有些宝宝在4个月的时候头抬得并不是太好,我们就知道宝宝平时运动得不够。除了大动作,手的精细动作也发展很快,比如4个月的时候伸手抓东西了,5～6个月就可以抓东西传递来传递去的,一开始是一把抓,从一侧逐渐到掌的中心,然后过渡到拇指和其他的手指去做指抓动作,最后到拇指和食指抓东西,最终精细到指尖拿很小的东西,通常这些动作在1岁之内进行培养显得非常重要。

　　动作的发展也促进脑的发育,因而父母要有计划、有系统、有目的地对自己的孩子进行动作发育的训练,促进孩子身心健康发展。从2个月起可给婴儿做被动操,3～4个月可进行翻身动作的训练,6～8个月进行坐和爬的训练。当婴儿会爬时,应布置适当的环境,如放些低矮结实的凳子,以备婴儿扶站学步。1～3岁的小儿动作发展比较迅速,能掌握一些基本动作并逐步灵活、协调、敏捷起来。这时应让宝宝做一些主动操,还可与宝宝一起做一些运动型的游戏活动,以增强婴儿的体质,促进宝宝身心的健康发育。

11. 首先要唤起孩子的兴趣

　　强强的爸爸明白一个道理,不管教孩子什么,总是先要唤起他的兴趣,只有

在孩子表现出强烈的兴趣时,才能使教育有效。在教强强读书之前,爸爸先给强强买来小人书和画册,然后绘声绘色地讲给他听。

当强强年龄大一些的时候,随着强强对读书兴趣的增加,一次爸爸说:"如果你认识了这些字,你就能明白这些故事了。"他用这种方式来激发强强的好奇心,或者干脆不讲给他听,只告诉他:"这个画册上的故事非常有趣,可是爸爸没时间给你讲。"这样一来,强强就有了一定要识字的想法。这时,爸爸就不失时机地教他识字。

爸爸还常和强强玩一种叫"留意看"的游戏。当他们走过商店门口后,爸爸往往会问强强商店的橱窗里面摆放了什么东西,让强强把他记得起来的物品说出来,说得越多越好。爸爸之所以这样做,为的是培养强强集中注意力、观察事物的习惯。有一次,爸爸带着两岁的强强进入一家卖儿童玩具的商店,强强居然对店员抱怨道:"这里怎么没有《巴布工程师的赛车修理图》,也没有《巴布工程师的汽车修理工具图》呀!"店员们大为惊奇,这么小的孩子竟然清楚地知道两幅大孩子常用画册的名称。

12. 不能不切实际地拔高

如果父母期望值过高,不小心就会表现出对儿童粗暴的一面,这样将会挫伤幼儿安全感、自信心及良好情感和品德的发展。父母对孩子关切、期待、激励会有助于儿童自信心和道德品质的培养及智力、语言和社会交往能力的发展。相反,如果父母对孩子采取不关心,甚至拒绝或粗暴地对儿童正常需求不予满足,不切实际的任意拔高都将会阻碍幼儿安全感、自信心及良好情感和品德的发展,不利于幼儿的健康成长。

父母应根据孩子的发展随时调整好自己的期望值,应当站在孩子的角度去看待和思考问题,关爱、理解、尊重将是教育的主线。家长应当不断学习新的教育方法和理论,改变急躁、催逼孩子的做法,了解儿童的心理生理特点,充分尊重儿童的人格,为了宝宝的健康成长做好第一任老师。身心健康应该是养育孩子和家庭教育最根本的目的,只有让快乐充满了整个育儿过程,孩子才能够身心健康地成长,妈妈才能够给孩子更多的关爱和最理性的教育。

13. 用爱促成大脑的最佳发育

不论是大人或小孩,人类的脑细胞数目基本是相同的,在 100 亿个左右。头脑的好坏差别,并不在于脑细胞的数目多寡,而是取决于脑细胞与脑细胞间的连接线的数目,以及其连接方式。如果你能看到人的脑组织,聪明人脑细胞间的连接就像一个茂密的小树林,而愚笨的人脑细胞间的连接稀稀拉拉。

脑细胞与脑细胞间的连接从婴儿一出生到 3 岁左右,大约已经有 70％完成连接。因此,如果想要培育出聪明和具有良好品德的孩子,那么就必须设法在 3 岁以前让他脑细胞间的连接能更多、更顺畅地完成。在这一重要的生命过程中,对宝宝的无限关爱有如春天的雨露。

14. 孩子就是孩子

不管什么年代,玩沙玩水玩泥巴,永远是孩子们的最爱。现在的孩子,对很多高级昂贵的玩具只有一分钟的兴趣,可是一见到沙坑和水坑,都会忍不住要跳进去,如果家长不怕弄脏,孩子能在里面玩很长时间,而且百玩不厌。其实孩子玩沙玩水,就是一种发展感官的学习,简单的沙子和水,孩子们却能有成百上千种玩法,还有什么比这更能发展他们的想象力和创造力的呢?

此外,还要让孩子多爬、多跑、多跳,多运动不仅增强体质,更能增加平衡感和运动感,这将有利于孩子今后高层次的感觉整合,运动多的孩子思维会更活跃。

当爸爸妈妈带着孩子去旅游的时候,可以常带孩子到海边去玩,这是因为海边有利于形成地理概念。孩子在海边拾贝壳,采海藻,捉螃蟹,或者掘海星玩,孩子们还可以在沙滩上做游戏,如堆假山、凿人工湖、修湾、筑岛等。

15. 亲近大自然

常有一些母亲为孩子的一些坏毛病发愁。其实,这些不良行为是由于孩子的充沛精力没有得到合适的使用造成的。如果父母把孩子带到大自然中去,孩子们会有做不完的事情,这样也就没有心事干"坏事"了。孩子走进大自然中去,不仅可以使他们身体健壮,而且会使他们精神饱满。相反,如果孩子很少呼

吸到新鲜的空气,往往心情抑郁,从而导致乖僻的性格。

　　倩倩家有个小庭院,妈妈帮她在里面栽了花草和马铃薯,从此倩倩坚持每天浇水、除草,细心观察它们的生长情况,从中得到很大的乐趣。每年夏天,爸爸都要带着女儿到山里去野营,以便她开展研究,更加亲近大自然。爸妈还不时带她到原野漫步,观察在草丛中的野花和小虫的活动。

　　爷爷的家里还养着小狗和小猫,倩倩为此总是喜欢到爷爷家里去。孩子养小动物,就得时时给它们调食、喂水,不仅可以锻炼孩子的能力,还可培养孩子的爱心。

二、宝宝惊人的学习能力

1. 宝宝早期的学习

　　出生后,宝宝首先就记住了妈妈的声音,几天之后,就能识别出妈妈身上的气味,还会时不时伸展一下刚出生不久娇嫩的小身体,并用那双漂亮的眼睛盯着妈妈,来吸引妈妈的注意力。对待父亲和其他人也会用类似的"小伎俩",使人们沉浸于这个充满奇迹的小生命带来的迷人气氛中。

　　即使是刚出生的宝宝也有着丰富的肢体语言,他会通过一些小动作来表达

自己的感受,如四肢放松时,可能表明内心平静,当他盯着妈妈,小嘴一张一合时,可能正与妈妈高谈阔论。

在孩子还不懂事的时候,妈妈就给孩子各种图画书,并给她讲其中的故事。她会安安静静地听,这表明母亲的声音和画上的颜色对懵懂无知的孩子是非常有吸引力的。妈妈还准备了各种各样的小皮球和积木片,这些玩具五颜六色,布娃娃也穿着色彩鲜艳的服装,妈妈就是利用这些玩具尽力发展她女儿的色彩感觉和对周围事物的认知。

2. 旺盛的学习本能

一个不满1岁的婴儿,喜欢触摸各种东西,妈妈不妨就让他去感受东西的大、小、轻、重、温暖、冰冷,因为重复经历这些经验,可以让幼儿不需用手触摸,就知道眼前东西的大小、轻重、冷暖,或者只是用眼睛看一下,就知道那样东西的特色。接下来就会对它的构造及操作方法开始发生兴趣了。再接下来,幼儿会发生把纸巾盒里的纸巾全部抽出来,或者把父母亲摆好的积木弄乱等,开始做出各种捣乱和恶作剧的行为。这是因为即使是纸巾盒,他也想知道盒子里面究竟是怎么一回事,证明在他潜意识里有想要查明究竟的欲望。

孩子在0~3岁这段时间是基本没有记忆力的,可是却对他们日后的成长有着关键的作用。儿童的学习方法具有极大的差异,有些孩子像蜂鸟一样,喜欢一点点地频繁汲取信息。有些孩子像蛇一样,喜欢偶尔地、大量汲取知识,然后花较长的时间去消化。

3. 儿童的天性是喜欢学习的

儿童的天性喜欢学习就跟人生来就应该喜欢吃饭一样,如果孩子不喜欢吃饭,那一定是产生了某种心理障碍。有时妈妈们会认为自己的孩子天生不爱学习,并把问题归咎于天性,希望从书本里讨得一些技巧去改变孩子。

有着这种疑虑的家长应该首先去反思自己、改变自己,如果你的孩子不爱学习,一定是家长在跟孩子相处过程中某些不正确的言行破坏了孩子爱学习的天性。比如,孩子十分喜爱摆弄各种各样的小汽车,而父母认为摆积木会更有利于孩子大脑的发育,因此总是千方百计让孩子玩积木游戏,这样一来,孩子的

兴趣受到限制,学习的主动性就会慢慢地消减。

有些父母错误地认为,学习就是掌握知识,就是要宝宝很早就学会计算、写字、背诗。在这种思想的指导下,孩子们一学习就闹脾气,家长还往往叹息"这孩子,天生只爱玩,长大没出息!"其实,问题恰恰出在家长的身上。每个宝宝从出生起就开始学习,只不过他们学习的不是知识和学问,而是玩耍、探索,听声音、练翻身、学说话等。因此,他们后来的"不爱学习",往往是自主学习的天性被家长"填鸭"式的灌输书本知识给破坏了。

4. 婴儿大脑发育的"软件"

近年来,神经学专家的研究发现,儿童早期经历可极大地影响脑部复杂的神经网络结构,即人类大脑的实际结构是由出生后的早期经历而不仅是由遗传决定的。就好像一台计算机一样,孩子生来就配备了硬件,而儿童早期生活经历则为计算机发挥各种功能提供了软件。

最近,科学家们利用"正电子发射计算体层摄影"技术对儿童早年大脑的发育进行扫描观察到,孩子出生后,随着视觉、听觉、触觉等的每个信号刺激,脑神经细胞之间迅速建立了广泛的联系。脑的神经细胞粗看起来像一株裸露的小树,随着神经细胞之间的联系,神经细胞逐渐被髓鞘包裹起来,从而确保了电流信号快速而准确地进行传送。

平时一些自然而又简单的动作,如搂抱或轻拍、对视和对话,都会刺激孩子的成长,早期教育是聆听、指导孩子认识真实的世界,包括学习和妈妈说再见,和别人友好相处,勇敢地探索周围环境,所有这些支持性关爱与护理都能使人类大脑的结构得到健康发展。

5. 学习能力渐行渐近

在孩子生理上还不具备学习打球或骑自行车的能力时,就让他学习这些技能是非常困难的,很容易挫伤孩子的自信心。明智的家长会逐步让孩子开展一系列能培养这些技能的准备性学习,从而为孩子掌握这些技能打好基础。例如,不断地让一个小皮球去触碰孩子的双腿,这样不久他们就可以用脚踢球了。

让孩子对自己的运动技能充满自信和成就感是非常重要的,这样才能找到

使孩子在一段时间内从简单到复杂地逐步培养这些技能的方法。有些运动技能在初学阶段需要保护并逐步熟练,直至不再需要保护。以孩子学骑自行车为例,这不仅需要孩子生理的成熟,而且也需要心智的成熟,使孩子有能力将许多不同的动作结合在一起,使孩子的控制能力、运动和想象能力等方面达到协调统一。

6. 逐渐改掉分心的习惯

如果分心行为妨碍了学习,第一步就是改善环境,将环境中的分心刺激最小化。接下来应确保孩子没有感觉器官方面的问题,如视觉、听觉是否存在哪怕极小的隐患。对容易分心的孩子,开始时可提醒让孩子注意到分心问题,然后帮助他们逐步改善。必要时,提醒他们并给予奖励,直到他们分心的时间越来越少,而获得较多时间使注意力得到集中。容易分心的孩子最终可以学会在无人提醒的情况下保持注意力。

随时关注宝宝的注意力,对孩子容易分心的现象保持一份警觉。围绕着孩子的注意力来促进孩子的学习。哪怕再小的宝宝玩玩具或看图画书时,大人最好别轻易打断他,哪怕比预计的喂奶或睡觉时间晚一点也没有关系。从小保护孩子的注意力,有利于他们长大后集中注意力做任何事情。

7. 从激发兴趣到有意识地训练

从孩子的兴趣出发,把学习蕴含在游戏中,孩子比较感兴趣,自然注意力就比较集中。而到了学校,学习不再单从兴趣出发,孩子要约束自己,有意识地把注意力集中到老师讲课的内容上来。有的孩子上学后就喜欢上美术课,而上语文、数学的时候就总是走神,这就是注意力还停留在有兴趣的课堂上,有意识的集中注意力的能力尚未得到发展。

因此,家长在孩子上学前,就应当有意识地训练孩子的注意力,当孩子的兴趣出现转移的时候,家长可以一起参与到活动中,让孩子坚持更长的时间。充分调动孩子对玩耍、游戏和学习的兴趣,从有兴趣的项目逐渐过渡到兴趣不太大的,直到没有兴趣的活动,训练的时间也要逐步延长,以培养孩子的注意品质。

8. 运动使宝宝想象力充分发挥

运动能使大脑处于最初的启动或放松状态,儿童的大脑发育和想象力会从多种思维的束缚中解脱出来,变得更加敏捷,因而更富于创造力。运动还能促进脑中多种神经递质的活力,使大脑思维反应更为活跃、敏捷,并通过提高心脑功能,加快血液循环,使大脑得到更多的氧气和养分来达到提升智力的作用。运动又称为情绪的宣泄器,通过运动可以使宝宝压抑、焦虑等不良情绪得到疏导。

在孩子1~3岁这个时期,他们的大脑的确在飞速地发展。但是,如果因此就希望使用一些人为的手段对他们的大脑进行开发,常常是事与愿违。在孩子长到3~4岁之前,与其教他们认字,让他们读书,还不如让他们和同龄的孩子们在一起尽情地玩耍、画画、做各种各样的游戏。

父母要与孩子们一起去公园玩耍、一起做游戏、一起做饭等这些日常事务和体验。在孩子还非常幼小的时候,就强迫他们学习的话,很可能由此而产生各种压力,甚至还会对他们的大脑造成损伤。

9. 什么样的玩具是孩子们需要的

大自然中的石头、树叶、贝壳等,这些都是孩子最好的玩具。它们不仅具有最天然的美感,而且具有多感官的启发。例如,秋天的落叶每一片都有不同的纹理色泽,对于落叶的玩耍可以调动孩子触觉、视觉、嗅觉、听觉,甚至味觉,还有无限的想象空间。

玩具只是一个引子,引发孩子去创造、去想象。例如,一个布娃娃、几块色彩柔和的布、手编的毛线绳、木质积木等。恬恬每天的最爱就是一个盛积木的小木盒,木盒带着4个轮子,再加上妈妈给盒子前边绑上的一根长绳子,恬恬拉着它到处跑,这些简单又容易操作的玩具给孩子提供了无限的想象空间。相比之下,那些设计过于夸张僵硬,或者有太多声光刺激的现代玩具并不能带给孩子真实的美感。

明白了孩子对玩具的想法,就可以开心地在自然中寻宝,于是家里的小瓶子、小木碗,还有那些爸爸亲手制作玩具,如小手枪、小宝剑,从植物到动物到娃

娃。此外,妈妈还要定期整理恬恬的玩具,把她真心喜欢的可以长久玩弄的留下来,其他的打包收起来,尽量保持玩具的适量和简单。

10. 孩子的白日梦——幸福的梦想

人生的幸福有一半来自想象,不懂得想象的人就是不懂得幸福。孩子们几乎天天都在做白日梦,它和童话、动画片、儿歌等占据了儿童大脑的大部分空间。孩子都知道应该爱惜鸟兽,并且很小就具备一些道德品质和远大的理想,都是受了神话、传说和儿歌的陶冶所致。白日梦与孩子丰富的想象力分不开。如果把"喜洋洋"和"黑猫警长"从家里撵走,就好比撵走玩耍的伙伴、抛弃手里的玩具一样,对孩子来说是多么冷酷无情。

孩子们做白日梦时的想象力得以最大限度的发挥,如果孩子在小时候没有这种广阔的想象天地,孩子长大就不可能成为诗人、小说家、画家,而且也不会成为科学家、教师、好的军人。有一种看法以为数学家和科学家不用想象力,事实却并非这样,想象力对于任何人都是必不可少的。在发明家制造机械的时候、在学者思考真理的时候、在建筑师设计建筑物的时候都离不开想象。由此可见白日梦、童话和儿歌对于陶冶孩子的品德多么重要。

三、儿童早期教育是一个自然的过程

1. 每个孩子都具有巨大的潜能

生活经验告诉我们,大多数孩子刚生下来时都一样,具有巨大天才和潜能,他们天真活泼,有着强烈的学习欲望。随着宝宝一天天的长大,他们经常显露出令人惊讶的能力,表现出不凡的才华。这些表现或许是语言方面的,或许是想象能力和动手方面的。

但当孩子再长大些的时候,情况就大不一样了。仅仅由于环境,特别是幼小时期所处的环境不同,有的孩子的天才得到了呵护,而有的孩子则变成了凡夫俗子,甚至蠢材。少数孩子由于天生资质比较好,再加上合理的教育,孩子会

越来越优秀。

孩子的父母从来都是孩子的第一任老师,只要家长领会了孩子们的思想,哪怕父母的知识领域不宽广,也能把他们有限的知识都"打通",引领孩子真正从兴趣入手,发掘孩子内在的学习动力。因此,无论学什么,艺术类也好,课堂知识类也好,都需要这些最熟悉孩子的父母们,合理引领孩子,把好奇的眼睛睁大,去探索这个未知的世界。

2. 专注力是学习能力的主线

智力的发育主要依赖于中枢神经系统功能的成熟,所有儿童的发育过程相似。当然,发育的速度是不同的,即使是某一个特定的儿童,一项或几项发育也可发生暂时的停止。发育的过程是从头开始,即头和手的功能发育先于腿和足,从普通的反应到特异的功能,如大运动的发育先于精细运动功能。

智力发育受各种内在因素的影响,一般来说,智力越高,发育越快。家庭因素,如走路,讲话延迟常发生在一个特定的家庭中,环境因素,如缺乏适宜的刺激会妨碍正常发育。

专注力是指宝宝能够把视觉、听觉、触觉等感官集中在某一事物上,从而认识该事物的能力。专注力是宝宝最基本的适应环境的能力,是一切学习的开始,它将引导宝宝了解更多的事物。例如,出生不久的小宝宝就已经尝试着睁开眼睛到处张望,一旦观察物进入他的可视范围,他会目不转睛地注视着这个物体,两眼发光,脸色发亮,默不作声。如果物体摆动,他就会转头或用目光追随,甚至忘记了吃奶,这就是专注力的最初表现。专注力是自主学习的门户,需要父母按照宝宝的心智发育特点,进行有效的培养和呵护,避免长大后出现注意力不集中等学习能力的障碍。

3. 孩子所需要的学习环境

孩子的发展,不管是身体上的发育,还是语言、认知、社会行为等方面的发展,都需要时间。如0~1岁婴儿的身体和大动作的发育,每个月龄都会有不同的发展,尽管每个孩子不完全一样,但都会有一个大致的时间表。再如认知的发展,孩子在抽象学习之前,一定要具备大量对真实世界的直接经验,他才能理

解并把抽象符号和实际事物联系到一起,否则,孩子的学习就只是填鸭,只是认识了各种符号或是公式,毫无乐趣可言。

强强2岁以后,爸爸不论走亲访友还是买东西,不论参加音乐会还是看戏,到哪儿都带着强强。另外,只要有时间,就带他去参观博物馆、美术馆、动物园、植物园等,以开阔他的视野,丰富他的见识。每次参观回来,就让他详细描述所见到的一切,或者让他向母亲汇报。因此,强强在参观时 总是用心观察,认真听取父亲或者导游的讲解。

像强强的爸爸那样,家长能够做的,是为孩子提供他真正需要的环境。从硬件上说,这个环境应该是尽可能真实美好的,而不是被书本、电视和抽象符号充斥的。从软件上说,这个环境应该是安全的、充满爱的、有规则的、尊重的、鼓励的和帮助的氛围,而不是强迫的、生硬的、威胁的、训斥的,甚至打骂的遭遇。

4. 与图书交朋友

图书是提高孩子智力的极好朋友,对1岁内婴儿应选用彩色图片,如一只狗、一个苹果、一支笔等。利用图片让他们认识看不到的东西或与看得到的东西相联系。对1～2岁孩子应选择有大幅图字的书,内容能反映他们比较熟悉的事物,如花、动物、房子等,并与字相联系。对2～3岁的孩子应选择含有故事内容的图画书,配合能跟着念的儿歌。对3～4岁的孩子应选择新鲜事物,有更多细节的书,如动物的故事、简单短小的童话,也可选一些短的唐诗,虽然不甚理解,也有利于增强记忆力。在给孩子讲述故事时,要鼓励孩子提问和插话,以提高他们对学习的兴趣及思考能力。

5. 学习能力发展的阶段性

一般来说,宝宝学习能力最初的发展是从感觉运动阶段开始,然后向知觉和知觉动作统合阶段演进,再进入语言文字符号运用阶段,最后达到逻辑思维和推理阶段。每个发展阶段都有着它的能力发展目标,父母可以通过日常观察和能力目标测试了解自己宝宝学习能力发展的情况。

学习能力是可以训练的,训练宝宝的学习潜能,要以宝宝的学习能力和学习方式为出发点。家庭是孩子第一个接受教育的地方,父母是宝宝的第一任老

师,也是宝宝学习能力最早的观察者和判断者,对宝宝最了解,最能发挥宝宝的优点,弥补宝宝的不足。因此,父母在训练宝宝学习能力的过程中扮演着非常重要的角色。

涛涛的爸爸是个电子工程师,每当孩子问到自己也不懂的问题时,他就老老实实地回答说:"这个爸爸也不知道。"于是两个人就一起翻阅资料,或者去图书馆寻找答案。用这种方式,爸爸培养了孩子追求真理的精神,使孩子乐于探究和排斥似是而非的知识。

6. 你的宝宝在哪个方面具有优势

有的宝宝很小就表现出很优异的能力,而有的则是大器晚成。了解了这种客观存在的差异性,父母就不应该过于苛求宝宝了,要以宽容之心对待他发展中的暂时性迟缓。

儿童的学习能力也是各有不同,乐乐擅长做手工,对看到的图形过目不忘,属于"视觉型"儿童。小果果能说会道,听过的事情就会记得很牢,属于"听觉性"。果果的哥哥从小动作能力特别强,属于"运动型"宝宝。这些所谓的类型主要是指宝宝在某一方面的能力发展具有相对的优势,但并不是完全绝对的。

7. 阅读的乐趣

有的家长虽然工作忙碌一些,但还是把晚上和周末的大部分时间花在孩子

们身上。晚上的阅读是一家人在一起共度的亲子时光,大家围坐一圈,芊芊会自动选一本自己喜爱的图书交给爸爸妈妈,爸爸妈妈就有声有色地给芊芊读这些有趣的故事。几年下来,芊芊养成了阅读的爱好,每当一家人组织外出旅游时,芊芊总要带上一些图书作为闲暇时的自娱活动。

在阅读这件事上,并没有刻意要求每个孩子都达到同样的标准,而是普遍培养孩子对阅读的兴趣,让孩子们更多的体验到读书的乐趣。不是为了让孩子能识多少个字,才去读书。事实正好相反,当孩子们尝到了阅读的快乐,自己就愿意去练习识字了。

8. 轻松、快乐胜过"认真阅读"

铭铭是个男孩,快 2 岁了,由于老人带的时间比较多,所以没有养成读书的习惯。现在给他讲故事,和他玩游戏,他都不会超过 5 分钟的热度,对其他什么事情也都不会静下心来做。爸妈一直在为如何让铭铭尽快养成阅读的习惯而操心。

孩子真的要养成阅读的习惯,大前提是让他感受到阅读的乐趣。对于这个年龄的孩子,可以挑选一些情节简单的故事讲给他听,也可以随口给他编故事。拿本书跟他玩游戏可能比"认真阅读"还要好。在日常生活中,让孩子适当地安静下来,注意孩子专注能力的培养,当孩子对阅读稍有兴趣时,要及时表扬孩子的进步。

孩子天性好奇,静不下来是再正常不过的事情了。不妨试试以欣赏的眼光来重新审视你的孩子,换个角度,我们看到的便是孩子的优势,他对什么都好奇,探索外部世界的热情很高,将来一定是个聪明的孩子。这么一来,自然就不会再担心,而孩子和爸妈都感觉轻松了,快乐了。

9. 每天陪宝宝玩半个小时

沟通力是直接表现学习能力的一种方式,它需要宝宝具备良好的语言表达能力和人际交往能力,这两点对孩子养成自主性很重要。有些父母坚持每天至少抽出半小时来陪宝宝玩耍,这 30 分钟不一定要刻意安排什么学习项目。

在女儿还很小的时候,妈妈就经常抱着她走动,将屋里的东西指给她看,同

时准确地说出它们的名字,如这是一把椅子,那是一个书橱。妈妈这样教育女儿,到她一周岁时就完全会说话了。一些有专门知识的学者认为,婴儿期语言教育将决定一个人一生的语言能力,所以妈妈在对女儿谈话时,要非常注意发音、词句的准确性。

对于宝宝来说,"生活即教育",他们的学习源自一点一滴的生活细节。和宝宝一起打扫房间、做个小游戏,都是学习。这种融于生活的学习会让宝宝觉得轻松快乐,更有利于自主学习能力的培养。

10. 孩子获取知识的能力

家长急于让孩子提前学习抽象知识,付出的另一个代价就是损失了培养孩子做人的潜在素质,如好奇、热情、灵活、想象力、创造力和朝气等天性。

在抽象学习之前,孩子需要充分接触真实的世界,如果在童年时期,孩子没有机会发展这些素质,可能会导致冷淡、孤僻、漠不关心、迟钝、缺少同情心和麻木不仁。那么长大后若要重新培养这些素质就很难了,会事倍功半。

宝宝的学习能力,简单地说就是获得知识的能力。0～3岁宝宝的学习能力,主要体现在活动中的专注力、探索力和沟通力。它所涉及的心理过程包括感觉运动、知觉和知觉动作统合、语言、思维、自我控制等(表5)。

表5 儿童学习能力及其学习困难的表现

学习能力表现方面	学习困难具体表现
感觉动作方面	走、跑、坐姿不佳,运动技巧差,不灵活,笨拙
	经常跌倒、撞伤自己
	对方位常常弄不清楚
视觉动作方面	写字常缺一笔,少一画,部首张冠李戴
	模仿画时经常出现错误,线条歪斜,比例位置不正确
	执笔姿势怪异,写字常出格
	作业时间拖得很长
语言表达和接受能力	语言重复,无组织力
	对大人交代的事情常弄不清楚
	不能记住一连串的声音和语言

学习能力表现方面	学习困难具体表现
阅读能力	朗读尚可,但对内容一知半解
	以手指头协助阅读,指示文字方向
	阅读时增字、漏字、前后颠倒
计算能力	常将数字抄错、遗漏或前后次序颠倒
	对应用题理解困难

11. 鼓励与施压之间的科学

是激励还是责备,这是孩子长大成人成功与否的关键所在。激励孩子就像给种子浇水、施肥,就如同水分和营养是生命的基础一样。通过鼓励来激发孩子,抑或通过给孩子施加压力来达到某种愿望,是家长常用的两种教育手段。

有的家长只是希望孩子们成为最好的,却忽视了每一个孩子作为个体的兴趣差异和愿望差异。为了达到这种愿望,作为家长,你是在鼓励孩子做事还是强迫孩子必须服从你的意愿呢? 有经验的家长都知道,对待孩子不仅要在期望中施压,更要在期望中鼓励。许多孩子都是在鼓励下去尝试许多本领的,孩子在整个儿童时期和青少年时期都需要鼓励。当孩子不敢尝试没有接触过的事物,或者愿意做一些不该自己做的事情,或对某个行为持消极态度时,父母就需要用自己良好的判断力与智慧巧妙地去把握鼓励与施压之间的这个度。这时,只要爸爸妈妈多一份爱的激励,宝宝就有可能给你一个意外的惊喜。

12. 其实孩子并不笨

现在很多孩子不快乐,因为他的兴趣、长处不符合主流的趋势,而被压抑了下来。更多时候他是忙着补习,玩父母要他玩的东西,看父母要他看的书,被动地生活学习,没有时间去了解自己的长处在哪里。当孩子养成被动学习的习惯后,再好的天赋、再好的智力,也无用武之地。

当你顺其自然时,孩子自然就会把天生的长处发挥出来,自然就会去做他拿手的事,做得好会促使他更喜欢去做。这种正回馈会使他天生的长处很自然

121

地显现出来。有了自信，这个孩子才会有勇气去面对未来，才会成功。

尽管现在的知识性学习的过程，已经被设计得很有趣，但是抽象的智力学习本身仍是一种高度复杂的活动，会导致孩子心理上的紧张，需要消耗孩子很多内在的能量，直接影响到孩子的身体和心理上的正常发育。

13. 天分与后天教育

有人认为一个儿童的才能、智力及品质都是与生俱来的，但是也有人认为一个孩子的才能和品质大多是来自于这个人得到的教育。

现在社会上流传着"三分天注定，七分靠教育"的说法，所谓"三分天注定"是强调家长要关注孩子的差异性，正是这种差异为后天教育的功能提供了平台和基础，即每个孩子的个性必须得到尊重。"七分靠教育"说明教育虽然不是万能的，但教育可以对孩子的一生产生决定性的影响，家长把握好这七分，教育就大有作为。一些被老师或家长认为比较笨或不太聪明的孩子其实并不笨，只是开窍得晚，或天赋的能力不在主流的科目而已。

孩子将来是靠长处吃饭的，不是短处，所以父母不要截长补短。对于一些学习能力不太强的孩子，没必要要求他中文、英文、数学样样行。既然学习能力不如其他孩子，那他就必须有一项特别出色，能够跟别人竞争长处。

在科技整合的现代，任何领域玩出名堂的大有人在，不一定非得是最热门的领域。即使是冷门的科系，只要孩子喜欢、有兴趣，都没有关系，只要你是这门行当中做得最好的人，你同样是个佼佼者。

四、"快快成长"给孩子带来烦恼

1. 我们需要一个什么样的早期教育

0～3岁婴幼儿是人的一生发展最迅速的阶段，各个方面都处在一个比较容易得到发展的敏感期。也就是说，婴幼儿的心理、行为、观念、语言等方面的发展在这一时期最容易受到正面或负面的影响，如果某种能力在关键期得到科

学、系统地训练,则会促进相应的大脑组织结构的优先发展,那么这种能力也将得到最佳的开发。

从多年来成功与失败的大量事实来看,早期教育不需要多么高级的智商或者思维能力,父母也根本不需要特别开发孩子的智力。但这并不意味着他们不需要什么,只要给他正常的家庭环境,给予他们无尽的爱、耐心及关怀,他的大脑就可以发育得很好。在成长经历或环境如何作用于大脑方面,人们已经有了相当的了解。可以根据每个宝宝的特点去做一些适量的脑部认知方面的开发训练,以改善孩子的学习环境,为他的大脑发育创造较好的条件。

有研究发现,在学前被强迫认字的孩子,初入学时会表现得优于其他人。到小学二年级时,在学校的表现跟其他小朋友差不多,但是在学习态度上却有显著不同,他们比较被动,对很多事情不感兴趣。再往后,往往状态更不如意。在孩子还没有形成自己的动机之前,父母就不断地向他们提供这提供那的话,以后孩子很可能会成长为一个既不想得到什么,也不想成就什么的儿童。

2. 早教使你感到幸福吗

早教的形式可以是多样的,做游戏也好、读书也好、画画也好、唱歌也好,不管做出什么样的选择,前提都是要确保孩子和母亲感受到幸福快乐。

图图的妈妈以前在一家IT公司负责营销管理,工作压力较大,几乎天天是早出晚归,而且有时还要加班和出差。这样一来,妈妈和图图在一起的时间不多,即便在工作时间或出差在外,妈妈心里想的总是图图现在在干什么?每次出差回到家里,妈妈心里都会有一种说不出的愧疚感。有一天,妈妈突然决定要放弃这份薪水丰厚的工作,换到一个轻松很多、薪水不高但是很稳定的单位。从此,妈妈每天下班后和周末,都有很多时间和图图在一起,陪她做游戏、读书、洗澡和睡觉。面对眼前的变化,妈妈不觉得自己这么做是一种牺牲,相反,妈妈的内心感觉无比充实和幸福。从这一点出发,早教的一个重要含义就是母亲陪伴着孩子快乐地成长!

3. 不可把孩子当做竞争品

即使是普通的孩子,只要教育得当,也会成为成绩卓著的人。因此,对于一

个生下来就比较聪明伶俐的孩子,再加上合理的教育,这个孩子的发展是不可估量的。在家庭生活中,儿童享有充分的父爱母爱,对儿童身心健康发展比物质的满足更为重要。

从神经学来看,神经细胞对一直不停的刺激有饱和的现象,疲乏了就不再处理它了。对于孩子来说,比较长时间的学习,连续学同样的东西,神经细胞已经疲劳了,学不进去了。当孩子一直在做同样性质的记忆时,记忆的项目会相互干扰。人不是机器,在疲劳后反应会迟钝,会"有听没有见"。这样就会造成孩子学习上的饱和。作为家长,松开你的手,让你的孩子有一个自由翱翔的空间,不要强求,千万不可把孩子当做竞争品,天天鞭策他上进。

遗憾的是,大多数家长对天才的教育往往是失败的,这些父母总是按照自己心中的目标去塑造孩子,对孩子要求过高,求全责备,最终引起孩子的压抑、逆反与怨恨,孩子的聪明智慧就这样不断地葬送在父母过高要求和挑剔中。

4. 望子成龙的教育观念

许多父母望子成龙心切,因而超越孩子实际水平的高要求和恨铁不成钢的态度在一些家庭里弥漫。在孩子的成长过程中,除生活上加倍关心外,这些父母最关心的是孩子的学习。学习之外的事情父母都不让孩子干,似乎学习好就是万能的,而对孩子的独立生活能力、社会适应能力、心理健康程度、道德情操等则关心甚少,有的甚至完全不顾。实践表明,这样的家庭教育既不可能让孩子成才,也难以让孩子得到幸福。因为社会的竞争不仅仅是知识和智能的较量,更多的是意志、心理状态、道德修养和做人的比拼。

催逼和不断的加大对孩子的要求,随之相伴的往往是体罚和责骂。其实这种催逼加惩罚的做法会产生很多"后遗症",如心理创伤,使孩子不愿意主动地学习,想象与创造力也渐渐消失了,在许多场合下不敢表现自己,自我形象越来越差。外向的儿童对教师或家长的不断大声吼叫或惩罚也许表现无所谓,而一个内向的儿童就可能对此产生强烈的心理反应。

邻居家的小胖东东天真可爱,是一个刚上学的男孩,每当学习成绩不好时,回家后就会遭训斥,甚至挨打。由于东东在家得不到温情和关爱,在学校又经常遭到老师的斥责,这个孩子不但学习没有学好,随着年龄增长,反而逐渐地出

现了一些反社会行为,如打架斗殴、偷窃等。

5. 过高要求招来逆反

一些父母为使自己的孩子不输在起跑线上,在安排孩子的学习内容时常常盲目跟风,互相攀比。在舞蹈、钢琴、绘画、外语、书法等方面投入了大量的精力与财力,但却没有真正考虑孩子的实际兴趣和爱好。这些完全从家长愿望出发的做法会给孩子造成巨大的心理压力。

大量灌输或是填鸭式的教育方式是有很大局限性的,这不仅仅在于它并不是传输知识的有效手段,更主要的是对孩子的自信心有很大的束缚作用。我们常常低估孩子自我观察与学习的能力,因而经常为孩子出人意料的聪明举动感到出乎预料。一些父母在赞叹自己孩子聪明的同时,却不能打破成见,对孩子的观点一定要纳入自己的思维模式才解释为正确。

我们再看看一些西方国家的做法,从小学一年级开始,孩子就有许多的课题选择机会。要求学生自择题目,自组程序,到图书馆、实验室和博物馆做调研,完成课题研究。他们注重的学习兴趣和主动学习的态度。在家庭中,父母也尽量提供机会,帮助孩子自己解答问题,所有父母都希望自己的后代是有头脑、会独立思考的人。

6. 肚子痛——孩子焦虑、紧张的流行病

学龄儿童有时会突然出现肚子痛,甚至捂着肚子打滚、头出冷汗、大哭大闹、脸色苍白,但过不了多久又恢复正常。这到底是怎么回事呢?医学上把它称之为肠痉挛。肠痉挛多因肠壁缺血或支配肠壁肌肉的神经兴奋而引起的,每次发作时间不长,一般经过几分钟至几十分钟即可自愈。孩子会叙述疼痛主要在肚脐周围,检查腹部时全腹柔软,并无压痛部位。

在日常生活中会经常遇到因为孩子肚子痛而来就诊的情况,稍加询问,就会明白,虽然引起肠痉挛的原因有很多,但由于父母的过高要求,过分的催促,甚至不恰当的训斥、体罚,使孩子长时间处于紧张、焦虑的状态,这是当下导致儿童肚子痛的主要原因。

五、"慢成长"的孩子不会留下缺憾

1. "不要输在起跑线上"意味着什么

"不要输在起跑线上"这一标题使我们联想到体育竞技比赛在起跑线上起跑的那些画面,使足全身力气向前奔跑,不能有丝毫停歇。如果宝宝也像跑步那样,家长想方设法让孩子一起步就冲在最前面,宝宝有可能会获得你所需要的成绩,但那仅仅是一个短暂过程中的胜利。随着宝宝一天天长大,如果总是像在起跑线那样,宝宝终有一天会出现疲惫不堪乃至感觉到生活缺乏意义。如果想让宝宝停歇一下,那宝宝可能就不再是最优胜者了。

宝宝的成长肯定会有起伏,先前的练习固然可以使某个行为提前出现,但这种练习并没有很多的帮助,时间到了,孩子成熟了,聪明的才智自然水到渠成地出现。因此,心态平和的一些家庭的孩子往往幸福感会大些,成功的几率也不一定会低。对于宝宝来说,宁愿让宝宝生长在"慢成长"的家庭,有时看起来宝宝的早期成长并不是那么精彩,但从长久的人生路上来看,他们的童年很幸福。

2. 早期教育不是一个时尚

眼下这一代年轻的父母,都很重视孩子的早期教育。早期教育这一概念大概是在 20 世纪 90 年代开始时兴起来的,销售婴儿奶粉的大小公司,各种幼儿教育的杂志书刊上都有醒目的"宝宝不要输在起跑线上"、"让孩子领先在人生第一起跑线上"等的警示标语。从那个时候开始早教机构逐渐多了起来,早教的书籍和早教方法更是五花八门。

其实,早期教育是人类发展的一个必须过程,即便是在远古时代,一个母亲同样也会以各种方式启迪自己怀中婴儿的早期成长。微笑、抚摸、窃窃私语等都是一种最原始、最本能的早期教育,这种早期教育传承了人类一代代的健康发展。

大自然是世界上最好的教师,她能够提供无穷无尽的知识,我们的祖先就是从大自然中获取人类最聪明的才智。关于大自然,人们可以向孩子讲述无穷尽的美妙故事。遗憾的是,现在我们的大多数孩子却没有机会与大自然接触。

3. 过早的智力开发让孩子得到了什么

在孩子出生后头几年,几乎掌握了一生中将近一半的学习能力,以后的学习就是以此为基础的。儿童最初几年最关键的学习是通过生活、大量的游戏和运动,通过他们的感觉器官、大脑及运动系统的协调得到的,而并不是通过学习认字和数学这些抽象知识培养出来的。

父母要让孩子必须做自己想做的事情,与其对孩子进行填鸭式的教育,不如开阔他们的视野。例如,带他们去看城市的河流、桥梁和建筑物,告诉他们这个建筑物过去的名字,它有哪些历史故事。对于城市的孩子,多带孩子到附近的农村去看看,对那里的地形地貌、自然风光做个了解。尽可能让孩子决定自己想要做的事,即便是玩耍、游戏和讲故事等,那是一个真实的儿童世界!

4. 学习应当是一个主动的过程

在人们实现目标的时候能够感受到最大的成就感,这与目标的大小没有关系,不管是多么小的目标在实现的时候必然会伴随着成就感。孩子如果自己树

立了目标,在实现目标的时候就会感到喜悦。当这样的快乐积累起来,就能使孩子表现出充分的自信。

具有消极倾向的孩子学习往往是被动的,如果惧怕失败、始终不安的话,那么这些消极要素就会削弱挑战意识。想要孩子转为主动的学习,最重要的就是培养他们在任何时候都要以积极的态度面对生活,而这种积极的态度和他们的生理特点、兴趣爱好紧密相连。

由于年幼的小孩注意力只能持续一个相对短的时间,所以每次学的时间不能长,长了就会让孩子失去兴趣,感到厌倦。慢慢地教,慢慢地学,一天进步一点点,不急。每天形成规律,固定一个学习习惯。学习习惯的养成比学习成绩更为重要。孩子最容易接受有规律的安排,所以最好每天安排在固定时间段进行。

5. 回忆爷爷奶奶那个年代的早期教育

20世纪50年代,那时父亲给予我们的教育方式是什么样子的呢,记忆中完全没有从零岁开始进行知识灌输的这种观念,没有哪怕最简单的早教班,有钢琴的人家是凤毛麟角。那个时候上小学都是半日制,回忆起来只能用一句话来概括,就是幸福的童年,最返璞归真的年代。

那时,虽然没有早教这一时尚语,但每个孩子的周围同样有着各种丰富的语言、最本能的跑跳、形形色色的小人书,随着一天天长大,孩子们经历着丰富的各种特别的体验。那个年代的孩子现在都已是中老年人了,我想,可能没有人会因为那个年代缺少眼下的早期教育而感到遗憾!

千百万年来,婴儿都是在最自然的环境中生长,眼睛看到的是他将来要生活的环境,耳朵听到的是他将来要讲的语言。当他有健全的心智、快乐的人生观时,任何挑战他都能面对,我们的祖先就是这样过来的,他们留给我们无数令人叹为观止的文明宝藏。

很多60~70岁的中老年人现在仍然坚持着不同方式的学习,在一些城市,报名上老年大学并非易事,说明人生的路很长,人们有一生的时间可以学习。对于一个孩子的父母来说,不要担心孩子"输在起跑线上",不要在乎幼年时多玩了一点时光。孩子有了快乐的童年,喜欢学习,以后才会享受他们的工作,才

会有所成就。

6. "慢成长"蕴含着哪些科学道理

一本育儿书里有这样的描述:1 有人做过一个"练习"试验,受试人是一对双胞胎兄弟。在他们 11 个月大时,先训练双胞胎的哥哥走路,然后记录兄弟俩可以独立行走的时间。经过训练的哥哥果然比弟弟早一些开步走,但是等到弟弟 13 个月时,他也学会了走,而且后来走得跟哥哥一样好。

在登山的时候,如果原本是 3 小时完成的路程决心在 2 小时内完成的话,就会从一开始就匆忙向上爬。从那个瞬间开始的"2 小时内必须登上山顶"的压力就此产生。相反,如果决定 4 小时完成的话就能充分地享受登山的乐趣。我们不妨把它称为"慢成长"。在"慢成长"的时候不会有心理上的负担,也能够让孩子始终处于主动投入的状态。

"慢成长"的益处在脑神经的发展上同样得到证实,"慢成长"的孩子由于没有外来的压力,主动学习,积极探索。因为他到处跑,到处玩的经验,促进了大脑神经元的连接,从而最大限度完善了脑神经的发育。因此,父母不要给孩子设立太多的规矩和目标,不要急于完成孩子们当时还不能承担的任务。

7. 宝宝成长的凹洼现象

母亲们一般都会认为孩子成长的轨迹是一条斜线,只要努力就会不断地进步、持续地成长。但是实际情况并非这样,孩子的成长轨迹一般来说是呈阶梯状的。中间有凹洼,也有受到刺激后的突变。也就是说,即使是努力了,在一段时间之内孩子也会表现的停步不前,然后在某一时刻又会有一个突然的发展。

在平时生活管理中,包括吃饭、穿衣、睡觉等,帮助和鼓励孩子自己克服困难,学会自理。在教育活动中,鼓励孩子敢于发表自己的意见和想法,教师尽量做到不把自己观点、想法强加给幼儿。通过妈妈和老师平静的表情,淡定的语气,孩子的"退步、逆反"在不知不觉中消失了,随之而来的又是一次可喜的飞跃。

8. 要比就和自己的昨天比

一些母亲经常会有这样的苦恼和担心："邻居家的孩子早就能说话了,我们家的孩子为什么到现在还不行呢?""邻居家的孩子已经会写字了,我们家的孩子为什么对写字一点兴趣也没有,只知道成天地玩玩具呢?"

一些家长喜欢和别人的孩子做比较,他们往往是用自己孩子的弱点和别人孩子的优点或优势做比较,越比越心急,越比越担心,不知不觉中孩子的压力在妈妈不断的攀比下与日俱增。当邻居们开始比较孩子们的时候,你就转换话题吧,即便你自己的孩子在这种比较中占了上风。每一个孩子发育的程度都各不相同,有的早一些,有的晚一些,如果要比较,那就和自己孩子的昨天去比较,那样一来,你的心情就会豁然开朗。

9. 不要颠倒早教的重心

为了在起跑线上领先一步,很多家长都在热衷于给很小的孩子报各种各样的早教班和学习班,0岁智能开发、感统训练、学英语、学音乐、学绘画等。那么,哪个是首先要得到开发的呢?

如果要给孩子早教的重心排排队的话,早教首先是让孩子拥有健康的心理和健全的人格。其次,是启发和保护孩子的求知欲望、好奇心和探索精神,从而培养创造力、想象力等。再次,是让孩子多接触社会,多接触新鲜事物,为培养孩子正常的社会交往能力打下良好的基础。这些对于孩子今后的成长,才是最最至关重要的。关于知识技能的学习,应该是放在前3项之后、孩子到学龄之后去做的事。

无论早教的形式和内容如何,归根结底,是要让孩子充分体会到成长的快乐;同时,也要让妈妈感受到育儿的快乐,让幸福、快乐充满了整个育儿过程!这样孩子才能够身心健康地成长,妈妈才能够给孩子更多的关爱和最理性的教育,孩子上学后才能使各种才能得到充分的发挥。早期教育还应当包含儿童成长教育的各个方面(表6)。

表6　儿童早期教育的7个方面

教育方面	具体内容
人格教育	包括自信心、独立意识、合作意识及乐观教育
创新教育	鼓励创新,尽量让自己安排生活,不只是听话,要有独立见解
民主教育	家长能蹲下来和孩子平等交流,反对传统父子教育
情感教育	克服家长自身感情缺点,大胆表达家长的爱心,用平常心对待成败
成功教育	学会尝试克服困难,让孩子明白遇到困难就离成功近了一步
挫折教育	学会在逆境中生活,适应有利与不利的环境影响
生死教育	让孩子了解生命的价值,了解什么是死亡,以免孩子遇到挫折就轻生

10. 妈妈,请把你揪着的心放下来

"快起床!""快吃!""快走!""快去做功课!"随着孩子一天天长大,这些话慢慢变成许多母亲的口头禅。母亲们说这句话并不是故意的,但正因为如此,所以这口头禅更代表了她们心里真正的想法。孩子一天到晚都听到这几句话,简而言之一句话,"快些吧! 不然就赶不上了!""孩子从小不努力,长大怎么办!"

妈妈的心每天都是揪得紧紧的! 这样在一日复一日的催促下,孩子就像一个上满了发条的机器人一样心不甘、情不愿地向前走着。看到这里,妈妈爸爸也可能觉得很委屈,他们会说:"我们也不希望这样呀! 这不都是社会造成的吗!"即便如此,我们身边仍不乏一些心态平和的家长,他们做着种种努力,他们往往更看重孩子将来的发展,他们相信童年的幸福成长就是孩子将来幸福人生的开始。妈妈,请把你揪着的心放下来,给孩子们一个真实的而不是书本中的世界。在儿童成长过程中,没有任何东西比母亲陪伴着孩子快乐成长更幸福的了。

11. 最好的启蒙老师和早教学校

很多家长认为,在孩子智力萌芽的初级阶段,为孩子选择最好的老师与最好的学校,将有助于孩子一生的发展。因此,各种早教中心、特色幼儿园对学龄前儿童家长特别具有吸引力。其实,最好的老师和最好的学校,就是自己和自

己的家庭。

在孩子的学习中,需要向成人模仿,所以我们对待孩子的方式,也将是孩子对待其他人的方式。每个孩子的个性、爱好、潜能是不会完全一样的,父母就要学会去发现和接纳每个孩子独立的个性,顺应他们的个体潜质,让他们健康成长。为人父母如果希望孩子人际交往能力强,自己首先需要自我完善和成长。不管家长是否有目的和有意识地教孩子,孩子都在跟家长学习,听家长的教导。所以,当好孩子的启蒙老师是每个家长必然的角色,影响孩子终身发展的教育首先发生在家庭和家长身上,并不是老师或早教中心。

在孩子成长的路上,妈妈时常会有这样那样的压力和困惑,"我的孩子干事情总是拖拉","孩子总是和你对着干"。但是,看着孩子不断健康成长,爸爸妈妈们应当学会渐渐忘掉这些担心和烦恼,做"从容坚定、快乐自信"的爸爸妈妈。不要用自己的负面情绪来影响孩子,应当遵循孩子早期发展的自然规律,容许孩子按照自己的步调成长。

12. 3～6 岁儿童学习与发展指南

2012 年 10 月,教育部印发了关于《3～6 岁儿童学习与发展指南》的通知。

《指南》从健康、语言、社会、科学、艺术 5 个领域描述幼儿的学习与发展。提出了 3～4 岁、4～5 岁、5～6 岁这 3 个年龄段末期幼儿应该知道什么、能做什么,大致可以达到什么发展,指明了幼儿学习与发展的具体方向,并列举了一些能够有效帮助和促进幼儿学习与发展的教育途径与方法。例如,为有效促进幼儿身心健康发展,成人应为幼儿提供合理均衡的营养,保证充足的睡眠和适宜的锻炼;为幼儿创设自由、宽松的语言交往环境,鼓励和支持幼儿与成人、同伴交流,让幼儿想说、敢说、喜欢说并能得到积极回应;成人应注重自己言行的榜样作用,避免简单生硬的说教。

《指南》指出,在实施的过程中应把握好关注幼儿学习与发展的整体性、尊重幼儿发展的个体差异、理解幼儿的学习方式和特点、重视幼儿的学习品质几个方面。

第五章

在宝宝心智成长的路上

一、宝宝的成长历程

婴幼儿出生后的头 3 年,是生理、心理迅速发育的阶段,成长过程有其发展规律。动作的发育总是自上而下,先会抬头,然后翻身、坐、立、走、跑、跳。每个孩子在成长过程中各种能力的获得都有一个最佳阶段,在这个阶段里,某种能力可以轻松地获得。

(一)1~2 个月的婴儿

新生儿做出的许多动作都是出自天然的反射动作。在第二个月里,宝宝清醒的时间将变得更多。你可以试着将他放在悬挂着玩具的玩具架下,这样他就可以拿那些玩具作为消遣了。

1. 无意识、无规律的运动

当母亲用奶头刺激新生儿嘴角时,他会出现寻觅、吸吮、吞咽等动作。当他清醒并保持机警的时候,手、足会出现不协调的动作。当处于放松和安静状态时,他的动作会变得比较有规律,每隔一段时间动一下。孩子会有些痉挛的样子,下巴会颤抖,手也会抖动,快满月时逐渐消失。

2. 暂时将头抬起

宝宝刚刚出生时颈部的肌肉极其无力,所以在头 1 个月期间,她要依赖他人的帮助来支撑他(她)的头和颈。可以试着让孩子俯卧,这一方面对颈肌、背肌、胸肌和腹肌的锻炼有好处;另一方面也可扩大他的视野,对眼睛的发育有好处。如果将宝宝由床上抱起,他的头部可能会立起来一两秒钟。

3. 舒展身体

出生后的几周内,宝宝将开始改变胎儿时期的习惯姿态,不再像以前那样蜷曲,而是将身体舒展开来。脸向下趴在床上时,头能歪向一侧。他的膝盖和

臀部将变得更加强壮,并开始学着伸展身体,有的宝宝会用力的向上挺拔,脸色都憋红了,不用担心,一两个月随着孩子生长速度减慢就会过去。

4. 小手慢慢张开

在第一个月内,婴儿的手大部分时间都会攥成一个小拳头,手指运动非常有限。宝宝出生时就有抓取反射,轻轻碰一碰宝宝的掌心,她的小手就会向内弯曲。两个月时,他的小手慢慢张开,并且开始懂得把小手当做工具来使用。

(二)3～4个月的婴儿

你的小宝宝现在已经能稳稳地抬起他的头,能较好地控制自己的动作。身体外观看起来头仍然较大,这是因为头部的生长速度比身体其他部位快,这十分正常,他的身体很快可以赶上。

1. 扶成坐位时,头能立得比较稳

这时把双手扶在宝宝的腋下,宝宝试图站立,婴儿已能控制颈部,趴下时已能抬头片刻,当他平躺的时候,可以坚持把头抬起几秒钟。当你抓住他的手,拉他坐起来时,他的头不再向后仰,而是抬着。扶成坐位时,头也能竖得比较稳。

2. 抬头挺胸、主动翻身

宝宝何时会翻身,与宝宝性情的关系比发育的快慢更明显。主动翻身在宝宝3个月以后的任何时间都可能发生,但在少数情况下,会出人意料地发生得早一些。4个月时,当他听见任何吸引他注意力的声音时,他会左右转头寻找,并开始学着滚动身体了。这个时期宝宝的增长速度开始稍缓于前3个月。

3. 自己玩弄手指

此时,他又发现了一个带给他无穷快乐的事物——他的小手。3个月的孩子会仔细看自己的小手,双手握在一起放在胸前玩,开始学着伸手抓人。这时,宝宝依然抓不住自己想要的东西,但她会一遍又一遍地拍击那些玩具。能把抓到的东西放到嘴里吸吮,但还不是很准确,显得笨拙。

(三)5～6个月的婴儿

宝宝的视觉已经可以判断出一个玩具与自己之间的距离,然后移动身体,用一只手或两只手去将它抓到。能够从仰卧翻到俯卧,能主动用前臂支撑起上身,并抬起头。此时的宝宝差不多已经开始长乳牙了,常是最先长出两颗下中切牙(下门牙),然后长出上中切牙(上门牙),再长出上侧切牙。

1. 不再摇摇晃晃

有的宝宝到了6个月以后开始会独坐了。具有了独坐能力,婴儿就能够自由地活动双手和胳膊了,会把跟前的玩具拿起来,这对手眼协调能力有很大帮助。婴儿躺在床上时,若你抓住他的手,他就会拉着你的手顺势坐起来。6个月仰卧时,能抬头并抬高两腿,抓住自己的脚趾头。

2. 用手把自己撑起来

当母亲说要抱他时,有的婴儿会把躯体稍前倾,等待母亲去抱他。这时的宝宝俯卧位时会用两手撑起胸部,抬头时间也较长。把婴儿抱到母亲腿上,能稍微扶站一会儿,并一蹦一蹦地跳动,喜欢用腿和脚蹬来蹬去。

3. 眼睛和手的动作协调

现在,已会运用手掌和大拇指握住东西,将一个玩具牢牢地抓住。眼睛和手的动作配合一致,身体各部位也显得灵活起来。所以他能准确地把东西拿回来,能自行抓握奶瓶、撕扯纸张。给他两个东西时,他会先拿一个而后扔掉它,再去拿另一个。

(四)7～8个月的婴儿

进入8个月,宝宝不论体重、身高还是头围,增长速度都在放缓。宝宝变得越来越强壮,他很喜欢热身运动,对自己的日常生活规律已经非常熟悉了,并且开始辨认不同的声音和物体。在生活中和游戏时要循序渐进地调整亲子的行为模式。

1. 直坐四处张望

经过前 6 个月里的扭动、转动、踢腿和伸展运动,此时他很可能用不着支撑就能坐得很好了,甚至能坐更长的时间。直坐使宝宝更易于看到家人走来走去,以及伸手去够玩具玩,当然他还只能坚持一小会儿。

2. 热衷于站起来

他可能先扶着自己小床的栏杆,用力把自己拽起来。刚开始的时候,宝宝可能会倒下来,因为他还没有掌握好平衡和配合,不懂得怎样让自己慢慢地蹲下来。当你帮助宝宝扶着他的身体让他放松,这样他就可以慢慢地过渡到坐姿,并渐渐热衷于站起来。

3. 爬姿不重要

宝宝在 7 个月大的时候可以从坐进步到向前倾身,再进步到向前爬行。宝宝学会爬或其他近似的可以移动的动作,有些宝宝是用屁股挪动,或用小肚子向前匍匐。最重要的是宝宝能移动,方法并不重要。要学会爬行,宝宝必须有足够的力量用四肢支撑起自己。

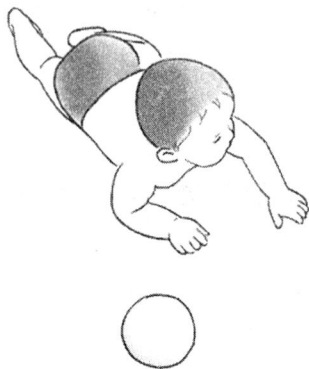

4. 向上攀爬和行走

宝宝很可能希望自己扶着家具站起来。你如果把他靠在沙发旁边,宝宝真

的有可能自己向上攀爬和扶着东西走起来。不过,这一时刻的站立与行走都还处于初级阶段,最终他的腿和脚支撑不住了,宝宝很快又跌坐在床上。

5. 更稳地抓住东西

随着抓取能力的加强,宝宝现在能够把一手的东西传递到另一只手,喜欢玩弄玩具上活动的部位,甚至用力地撞击两件物品。随着宝宝眼手协调能力的提高,他会一看到勺子就把它攥在小手里,并且学着把勺送到嘴里。

(五)9～10个月的婴儿

如果你的宝宝越来越有信心,他很快就能学会拽着大人的手走遍一个房间。在这个阶段,宝宝已经能够身体前倾够玩具的时候也不会翻倒了。但是别指望他能这样玩很长时间,努力保持平衡对宝宝而言是很累的,因此大概几分钟左右宝宝就要换另一种姿势了。

1. 站立还要有支点

宝宝开始注意怎样来弯曲膝盖,从站着变成坐着。10个月时他能坐着又不会摔倒,能扶着家俱站起来,但站不了多久,他需要有个支撑点。这一阶段动作发展顺序首先靠腹部力量拉起身体,然后用手和膝爬行,最后用手扶着家俱站起来。

2. 小手变得越来越灵巧

现在宝宝不用很大力气就能拿起东西并把双手合并到身体中部,拍拍手。小手会变得越来越灵巧,控制得也越来越好了,能把东西来回挪动或递给别人,喜欢用拇指和食指共同夹取小的物品,吃饭时也能用勺子了。

3. 把球滚回去

从出生开始,宝宝的视觉功能就一直在发展,现在他已经能够判断1米以外东西的大小了。细心的妈妈会留意看看宝宝是如何伸出胳臂去抓球,再让宝宝把球滚回来。可能一开始宝宝挥了一下胳膊却没有效果,但是最后他一定能

把球向你的方向滚回来。

(六)11～12个月的婴儿

开始学习独自站立,逐渐摆脱了成年人扶持和扶物站立的阶段,到这个阶段末期,你的宝宝可能要迈出最初的几步了,一开始宝宝或许只走两三步就摔倒了,鼓励宝宝继续下去,很快他就能自己走更多的步子了。

1. 独自站立并踏出第一步

11个月宝宝能够平衡的独自站着不会跌倒,只要碰到家俱,都是他的支撑物。12个月时婴儿不靠支撑站立就能踏出第一步。宝宝在出生后10～18个月学会走路都是正常的。如果孩子周岁时还没有开始走路,那么1岁半以前他应该学会,而且能够走得很好。

2. 有意地将东西扔出去

你和宝宝已经能够很好地交流了,他对周围事物的理解也正飞速地发展。对宝宝来说,一件东西拿在手里的感觉变得更重要,他会越来越多地用他的小手去拿东西,比如两块积木。学会将手里的东西松开以后,宝宝会有意地将东西扔出去,并把这当成一项游戏。

3. 自己吃东西

这时你的宝宝手的动作灵活性明显提高,会使用拇指和食指捏起细小的东西,已经能够轻易地用手拿食物喂自己吃,但良好的手眼协调能力尚需进一步发展。能玩弄各种玩具,能推开较轻的门,拉开抽屉,或把杯子里的水倒出来。

(七)12～16个月的幼儿

1岁前后是婴儿成长为幼儿的转型期,他们的身心将发生很大的变化。父母应了解孩子的变化和发育特征,及时调整自己的教养重点和方法。

1. 走路越来越流畅

宝宝初学走路的姿势可以用"醉酒"来形容。一两个月之后可能已经完成爬、蹲、站、走的动作。刚开始走路时,他们似乎既慢又小心,但渐渐就会变得流畅。走路早的宝宝可能走路的动作很快就开始加速,你需要小跑才能跟上他。

2. 摔倒了爬起来

孩子通过不断地摔倒来练习对自我身体的平衡和掌控。当他摇晃着靠自己的力量却没有摔倒,当他摔倒自己又很快地爬起来……这对于孩子内心是多么骄傲的事情。大人过多地干涉,不但对孩子身体发展有不利影响,而且剥夺了他内在对自我的探索和肯定。

3. "内八字"或"外八字"

宝宝在初学走路的阶段,大多数宝宝用脚尖走路,一只脚可能还会有些拖拉,像是跛行。有的宝宝会出现"内八字"或"外八字"。这些都不是异常的表现,与所谓的缺钙关系也不大,随着宝宝走路越来越稳,这些现象会慢慢消失的。

4. 使用工具

会翻稍厚的书页,但也许一次翻过很多页,而不是一页一页地翻。喜欢看图画,会指着图画并拍打它们。起初,宝宝在想要什么东西的时候,就会用手和整个胳膊指向那个东西,但是慢慢地,他就学会只用手指来向你表达他的愿望了。

5. 安全触摸

孩子生来就有被抚摸的需要,孩子区分不同质地的材料的能力来源于他们触摸这些物体的经验。孩子们渐渐地触摸一些物体想看看感觉如何,如通过触摸硬邦邦的积木和毛茸茸纺织品来学会探索和试验。

（八）16～20个月的幼儿

这时的宝宝体重增得少，身高增得多。此时，小家伙对走路已经拥有了自信，有些孩子甚至能边走边捡起地上的小玩具。宝宝对周围事物的好奇是他进步的动力，一方面要给宝宝自由闯荡的机会，另一方面还要对宝宝进行适度的引导。

1. 走得更快

一年以前，宝宝还不会走路，可现在他已经会走，甚至还能稳稳地跑几步了。不仅如此，宝宝还学会了原地打转、绕圈圈、倒着走，他的想法总是比脚走得快。在宝宝的世界里，爬上爬下是一件每天都要做，而且是非常有趣的事情，只要有可能，他就想挑战自己。

2. 学习跑步

如果宝宝在游戏中被追逐时显得特别兴奋，就会加快速度，开始颠颠地跑起来。由于经常练习，他腿上的肌肉已经变得更为强壮，这使宝宝在起步或是停步时都更加稳健。随着平衡性和腿部力量的增强，宝宝也能做出踢的动作了。

3. 解放出了双手

他能够在走路时注意到地板上有个玩具，弯下腰，捡起来，然后继续往前走。当他捡起一个小东西并把它拿在手里时，往往需要自由的双手，所以宝宝的平衡能力必须要提高到不需要用胳膊来平衡的程度。

4. 细微动作

宝宝能够正确使用手中握住的物品，如按动按钮和旋转开关和手柄。能够更容易地做好将积木放入相应形状的洞中这样的游戏。宝宝动作的准确性也有了很大的提高，能够独立地完成用杯子喝水这些技能。

（九）20～24个月的幼儿

通过伸展身体,宝宝的平衡和协调能力也得到了发展,各种形式的运动有助于发展他的空间感。向孩子提问可以引导他有意识地去探索和认识世界,还有助于宝宝认知能力的发展。会说话的宝宝也不再满足说话,而是要唱歌了。

1. 高兴地跳跃

妈妈可以带宝宝到小区里的花园,在这样的地方,宝宝会得意洋洋,上上下下,开始到处乱蹦,跳跃能力开始发展和提高,他可能会攀着东西单脚站立一会。孩子们会一起比着走,比着跑。如果有的宝宝还不能单腿跳跃,不能因此就认为宝宝运动能力落后。

2. 避开障碍

宝宝现在跑得也比较平稳了,动作已协调了许多。而且现在他已能自己观察路线和道路情况,避开障碍,不像原来那么"没头没脑"地乱闯,那么容易摔跤了。多数宝宝已能自己上下楼梯。

3. 更好地使用工具

宝宝能玩一些简单的拼插玩具了,他也许会试着两只手都拿着东西,会熟练地拧开或拧紧瓶盖,还会把稍大些的玩具螺丝旋进孔中。宝宝已经能更好地使用工具——从用塑料小铲子挖一个沙坑到学会投掷。能握住笔,模仿大人画出不均匀的线条。

（十）24～28个月的幼儿

这一段时期,孩子的头部发育速度开始减慢,四肢和躯干长得更长,头和身体的比例更趋向成年人。能自己穿脱简单的开领衣服,并且知道一些日常用品的用途,还会自己洗手洗脸,虽然洗不干净。

1. 单脚跳或是双脚跳

在这个阶段,虽然你的宝宝可能还不能连续跳跃,但不久以后,他走或跑的时候就可以偶尔加入一个单脚跳、跨步跳或是双脚跳了。如果上个月会抬脚踢球了,从这个月开始,宝宝可能会把一只脚先向后伸,然后向前对准球使劲把球踢出去。

2. 准确地用拇指和食指

可以准确地用拇指和食指拿起一件很小的东西。本能地乱写,翻倒容器并倒出其中的东西。在这个时候,玩自己的玩具变得更容易了,无论是用一根小木棍敲鼓,用蜡笔画画,还是用勺吃东西。

3. 自己脱鞋和脱袜

孩子的自我意识开始发展,有好奇心,宝宝不但会脱鞋,还特别愿意脱鞋,最喜欢光着脚丫满地跑。2岁半时的孩子会洗手和会用毛巾擦手,能双脚跳和握笔学画直线,不用别人帮忙自己会去大小便。

4. 熟能生巧

现在他可能要试着把尽可能多的积木垒上去,将4块或更多的积木叠起成塔,直到它们倒塌,或者故意把它们推倒。带有秋千和滑梯的室外活动场所很好,因为那里往往有其他的小朋友一起玩,这也有助于宝宝懂得轮流的概念。

(十一)28～32个月的幼儿

大多数宝宝已经长出16颗乳牙了,但有的宝宝可能仅仅长出10颗左右,有的宝宝已经出齐20颗了。如果从2岁开始就慢慢学着自己刷牙,现在宝宝基本上能够自己拿着牙刷刷牙了。

1. 能把一段小故事讲得很完整

宝宝变得越来越能说了,能像大人一样用口语表达各种事物和要求,宝宝

已经能把一段小故事叙述得很完整。宝宝喜欢自己嘟嘟囔囔,说谁也听不懂的话,常常自言自语,鼓励宝宝去尝试那些以前对他来说很难的事情。

2. 跑、踢、爬或骑车

宝宝通过跑、踢、爬等练习身体的技巧,并使肌肉变得更有力量,更强壮。充足的运动量不但可以让宝宝发泄精力,而且帮宝宝建立一个良好的形象,树立自尊。喜欢爬到高处,有的宝宝还会从高处往下跳,以此寻求新的刺激。

3. 做爸爸妈妈的小帮手

到这个阶段,宝宝应当已经会用双手做很多的事情了,可以用塑料刀切菜。宝宝最乐意做爸爸妈妈的小帮手,并希望不断得到大人的表扬。有时宝宝还可以自己解开衣服上的纽扣,这种细微动作技巧的成熟在很多方面都对宝宝有帮助。

4. 自己动手解决问题

宝宝可以不扶任何物体,用单脚站立 3～5 秒。随着大动作的发展,宝宝已经可以平稳地走马路边道牙,但他还是依赖性地拉着你的手走。在妈妈的鼓励下,可以自己动手解决许多日常问题。

(十二)32～36 个月的幼儿

3 岁的宝宝运动能力非常强,由于运动量大,宝宝的肌肉非常结实而有弹性。这时手指灵活的宝宝还能用剪刀剪出有形状的图形。3 岁以前宝宝的思考是直接用嘴说出来的,这个阶段宝宝喜欢自言自语。

1. 加速向前冲

控制物体平衡的能力也得到发展,已能用身体或身体的某个部分,如头、手来控制物体的平衡并能在平衡中朝着各个方向运动。现在,宝宝的四肢已经有足够的力量在楼梯上爬上爬下了,而且可以更准确地控制自己的手部运动。孩子们开始学会如何加速向前冲,如何拐一个急弯。

2. 动作发育有快有慢

一些宝宝可能没有其他的宝宝运动能力强,因为他们通常没有耐心从一个地方移到另一个地方,或是完成一个特定的目标。如果他们放慢速度并且以渐进的方式解决问题,可能会做得更好。还有一些宝宝可能很冲动,所以他们可能又需要鼓励来稍稍放慢一些。

3. 宝宝的自立行为

现在宝宝已经会拍球、抓球和滚球,但是仍难以接住球。并能摆弄一些大纽扣、按扣和拉链。宝宝的空间感提高很快,能成功地把水和米从一个杯中倒入另一个杯中。宝宝现在已经能自己开关水龙头洗手洗脸,这都是宝宝自立行为的体现。

4. 从细微处增长生活本领

孩子向来乐意跟随大人参与生活的很多细节,因此他们从小可以很独立地做好这个的年纪能够做到的自我照顾,如吃饭、穿衣、穿鞋、洗澡等,这些生活中的自我照顾是家事中很重要的一环。

二、心智成长瞬间

情绪、行为和认知等都是宝宝心智的重要内容,宝宝们的生活和行为都充满了情绪的色彩。很多爸爸妈妈都在孩子1个月大的时候就观察到了宝宝的高兴、生气、好奇、惊奇、恐惧等五彩的情绪变化,而这些变化伴随着宝宝一天天长大。

(一)刚出生的宝宝

新生儿的笑容还不能表达什么意思,但宝宝的微笑说明他没有什么不舒服的地方。几周以后,虽然他仍然会像所有婴儿一样啼哭,但是他也将开始发掘其他方式来吸引你的注意,和你交流,喜欢别人注意他。睡觉—哭闹—进食—舒舒服服地醒着,不断地重复这个模式。就这样,宝宝慢慢地长大了。

1. 初生婴儿的微笑

宝宝第一次露出微笑会使爸爸妈妈兴奋不已,这种自发的微笑出现在宝宝刚出生头几个星期,反映了宝宝内心舒服自在的感受。而真正的诱发微笑可能还要等上一个月,但不论宝宝微笑的原因如何,多看到这种微笑,会使爸爸妈妈好开心呀!

2. 喜欢妈妈做伴

不高兴或不舒服时会哭泣,兴奋的时候会舞动手脚。在宝宝刚出生的那几天,父母还很难确切地知道他的感受,或者他需要什么,但是过一段时间后,你会更容易地了解他。宝宝总是喜欢妈妈的声音,喜欢妈妈做伴,喜欢被抱,会用笑来表示他的愉快。

3. 哭的几种含义

宝宝不论有什么要求,最初使用的语言都一样,就是哭。饿了、渴了、不舒

服,会以哭来表达。孩子满月后,这时候的哭声就有了一定的意思了,孩子会通过不同样的哭声来表达进一步的要求。例如,饥饿时,婴儿哭声很响亮,哭得很厉害;尿湿了也哭,哭的声音就不太强烈;如果是醒后想寻找母亲,他的哭就是哭哭停停、哼哼叽叽。

4. 笑得越早越聪明

宝宝第一次"真正"的微笑是在生后第 4～6 周,从这时开始,孩子的笑开始与他们的感受联系在一起。这时候的笑是生理情绪的体验,宝宝感到身体内部舒服了,他就会用笑来表达。他快乐的笑容会促进你们之间的交流,从这个意义上讲,宝宝笑得越早就越聪明。

5. 表情和肢体并用

你将发现,他会用整张脸的表情和肢体动作来得到他想要的回应。你应当在宝宝哭闹时给他以回应,让他得到最温暖的抚慰。足够的爱和关注可以教给宝宝如何积极地回应你,也可以让宝宝安全又自信的成长。

6. 宝宝的幸福时光

新生儿也有他的社交方法,他们愿意被抚摸、被拥抱、被哄着玩。宝宝会对你试着做面部表情,她认为观察你的面部很有乐趣,甚至会模仿其中的一些。肌肤亲情可以帮助宝宝发展情绪与人际关系,爸爸、妈妈的怀抱越温暖、越亲密,宝宝的情绪就越稳定、越自信。

(二)2～3 个月的婴儿

这个月龄的婴儿当看到妈妈熟悉的面孔或有人面对面地逗他时,他会出现愉快的微笑。知道宝宝满足又快乐,会给你带来莫大的成就感——这表明你能满足他的需要。这可以增强你为人父母的信心,也促进了你和宝宝之间的亲情。

1. 与婴儿的肌肤接触

父母需要多与婴儿肌肤接触,和他说话,逗他玩,满足他的情感需要。如果有人跟他玩,他可以保持较长时间清醒。独自一个人的时候,他会以观察周围为乐。喂食成为他的一种社交活动,当你喂他吃奶或对他说话时,他会看着你。

2. 分辨熟悉和陌生的脸

开始时他会对见到的每一个人笑,特别是看着他、和他说话的人。但是几个星期后,你就会发现,他学会了有选择地对着人笑,他会很快学会分辨熟悉和陌生的脸。他会向你努力发出"咕咕"的声音表示他的愉悦,他甚至会用高兴的尖叫或咯咯的傻笑来表达他的快乐。

3. 面对面地逗宝宝玩耍

妈妈要能比较准确地判断孩子在表达什么样的信息,然后可给予对应的处理。当宝宝处于这个年龄段时,父母要适时地满足宝宝的情绪需求,多面对面地逗他玩耍。多抚摸拥抱宝宝,带给他更多愉快的情感体验,帮助他朝着健康快乐的方向发展情绪。

4. 优先情绪的发育

安静满足的时光对宝宝非常重要,这样的时间给宝宝一个机会,让生理需要暂时让让位,大脑来优先发展。这意味着宝宝可以发挥一下他的好奇心,练习一下集中目光看物体,可以集中精神和你在一起。宝宝又安静又机敏的时间,是你和宝宝增进了解的特别时机。

如果宝宝静静地盯着空中发呆时,表明正在沉思。这样的沉思每天会有好几次,尽管每次时间都不长。如果你有幸赶上,那么就能和他一起享受这份宁静时光。

(三)3～4个月的婴儿

宝宝在学着采取主动,这对他培养自信很重要,如果你跟着他做,他会更加

了解自己正在发展的个性和乐趣。当宝宝试图以微笑吸引父母的注意时,父母要给予积极的回应,这样他会在情感上备感安全。

1. 懂得表达愤怒

孩子情绪模式的形成几乎是照料者情绪的翻版。这时候他愤怒的原因基本都是生理原因,如疲倦、饥饿、睡眠不足等。这时他渴望能够获得大量的拥抱和交流,也许你的声音会使他安静下来。

2. 用微笑来吸引父母的注意

当奶奶碰碰宝宝的脸,爸爸轻轻地触摸宝宝的皮肤,或者是他听到了妈妈熟悉的声音等,都会引起宝宝愉快情绪的反应。这种反应起着信号的作用,是宝宝在呼唤大人和他接近、交往。

3. 乐于和每一个人"交谈"

虽然他最喜欢的人是你,但他也乐于和每一个人"交谈",比如其他的小宝宝、根本不认识的人,甚至是他自己的影像。最初是语言的感知阶段,婴儿先是靠听来感知声音,然后逐渐对语音进行分辨,最后发展到自己发出语音。

4. 让宝宝开始规律的生活

到宝宝4个月大时,你可能已经决定让宝宝开始规律的生活。培养生活规律也有助于让宝宝相信,即使在他看不到你的时候,你也在他的身边。养成大人的生活规律,经常抱宝宝出去转转,这也可以给你的生活增添快乐。

(四)4～6个月的婴儿

父母可以给宝宝准备一些适合他抓握的玩具,让他抓着玩耍,以带给他更多愉快的情绪体验,为培养他乐天的处世态度打下基础。当宝宝哭闹时,父母要尽量满足他的要求,但是不要让他养成以哭闹来吸引父母注意的习惯。

1. 用双眼注视着妈妈的面孔

到宝宝 4 个月大时,开始会用双眼看着妈妈,通过眼神传递着宝宝的感激之情,宝宝的双眼注视着妈妈的面孔,那么可爱,那么富有表情。宝宝的眼睛最喜欢看到的仍是妈妈的那张脸,他似乎知道,是妈妈给予了我温暖、安全和快乐!

2. 表达自己的情绪

可以自己玩上一段时间。随着手的动作的发育,这个月龄的宝宝逐渐喜欢上了摆弄东西,如果他的活动受到限制,他会很愤怒,并以哭闹来表达自己的愤怒。会不满玩具从手上被拿走。会对陌生人陪伴感到害羞。睡眠时会固定依赖一个亲近的布偶或玩具。

3. 学会"哈哈"大笑

当家人呼唤他的名字时,他能做出反应,并表现出愉快的情绪。当然,他的情绪转化也非常快,刚刚还在哈哈大笑的宝宝可能会突然因为某件事情而变脸,并向父母高声抗议。除非宝宝生病或不舒服,否则每天大多数时间展现给你的是宝宝愉悦的微笑。

4. 社交场合将会得到更多乐趣

抱孩子到公园呼吸一下新鲜空气等,这些活动也有助于宝宝与他人展开交往,并在有新的情况发生时自如地应对。到现在为止,虽然宝宝还是很喜欢被陌生人抱起来,但是他已经能区分出自己认识的和不认识的人了,并且对熟悉的面孔表现出明显的偏爱。

5. 改变与成长

宝宝已经发展了很多他独有的性格特点,很多你现在看到的性格特征不一定会在宝宝的一生中延续。比如,他对每餐出现的固体食物很不耐烦,或者因为自己不能自由地移动去拿他想要的东西而沮丧,但这并不意味他会长成一个

缺乏耐心和信心的孩子。

(五)6～8 个月的婴儿

一些 6 个月的孩子开始逐渐建立睡眠习惯,家长可以让孩子自己学着去入睡。从 7 个月开始,宝宝开始出现了对亲近的人的依恋情绪。孩子最喜欢和亲近的人接近,这样的接近会给宝宝带来舒服、愉快和安全的情绪。当亲人一旦要离开,就会产生不愉快的情绪。

1. 建立良好的依恋

用身体接触孩子,如抚摸、搂抱、摇晃等,孩子感受到这些触觉和运动觉的刺激,会产生愉快的情绪,能促进孩子的愉快情绪中枢的发展。孩子的回应也能促进对其本身的爱和进一步的交往。

2. 分离焦虑

6 个月的宝宝可能会出现分离焦虑,12～18 个月时变得更加强烈。聪明的家长一般不会选择这个时间段随意与宝宝分开。宝宝不乐意离开父母,是出自安全感,而不是单纯的依赖,这是一种健康的生理行为。

3. 宝宝的幽默感

宝宝最初的笑声往往是由运动游戏引起的,如你将宝宝放在膝盖上颠颠,或者把他高高举在空中;后来主要是由一些视觉玩笑引起,如你使劲甩你的头发,或者把他的肚兜放在头上当帽子。现在宝宝更好动了,他会做一些你不喜欢的事情来逗你。比如,把头伸到你不让他伸出的门外,然后回头看你是否在看着他。

4. 开始有怕生的表现

对陌生人陪伴感到紧张,并且哭泣,当双亲靠近时会发出声音。当大人想拿走玩具时,他会故意握住不放。听到熟悉的声音会停止哭泣。当离开妈妈或其他抚养者时,他会表现出悲伤的情绪,与陌生人接触时,他开始有怕生的

表现。

5. 不要故意"疏远"宝宝

父母要尽可能多以各种各样的表情和不同的语调来帮助宝宝了解各种情绪的意义,跟宝宝交流时,表情要尽可能更丰富。当婴儿表现出强烈的依恋感时,父母要满足他这种需求,不要为了担心他变得黏人而故意"疏远"他。这个时候给予他更多的宠爱,能更好地帮助他建立安全感。

6. 当宝宝遇到陌生人

当宝宝跟陌生人相处表现出怕生的情绪时,不要为了急于改变他而强迫他跟陌生人打交道,而要给他时间慢慢去适应陌生人。此时不要强迫宝宝表现得友好,或是告诉他这样做是愚蠢的,这只会损伤宝宝的自信心。当他有勇气对他人回以微笑时,应好好地表扬他。

7. 积极地回应

你的宝宝充满爱意,他会在得到鼓励的时候亲吻你,伸出他的小手让你抱他,还会爱抚他的玩具。你会发现宝宝变得更加活跃了,会转头倾听周围的说话声。不仅用咿咿呀呀的声音,还用丰富的手势和表情给你回应。看看他照镜子时的表现,他不知道他看到的那个婴儿就是他自己,但对"他"很感兴趣,他会发出"咯咯"的笑声。

(六)8～10个月的婴儿

小家伙的注意力很容易被分散。他的记忆是短暂的,一件有趣的玩具或是一个突然的想法都会再次吸引宝宝的注意力。很多曾经让他非常入迷的游戏,他已经厌烦,因此当父母要求他做什么事情的时候,他会显得比较"冷漠"。

1. 挥手表示"再见"

为了吸引父母的注意,这个月龄的宝宝学会了大声喊叫。他开始期望博得周围人群的赞赏,并因此乐于为周围人群做一些小小的表演。喊他的名字时能

转头寻声,对一些简单的问话有反应,如问灯在哪里,会朝灯看去,能做挥手表示"再见"的动作。

2. 意志的较量

他会在你拿走他的玩具的时候表示反对,或提出来想再玩一次同样的游戏。随着宝宝自我意识的增长,他会变得更加武断,把任何日常活动都变成意志的较量。你会发现,当他不愿意被放到小童车里的时候,会把背拱起来,或在你喂他不想吃的东西时摇头。

3. 宝宝用嘴去探索

孩子从出生开始一直到 1 岁,这个时候就更喜欢把所有的东西都放到嘴里去,这是因为这个时候孩子嘴的神经发育比手的神经要快,所以他更喜欢用嘴去探索东西。其实,这是非常正常的探索,只要保持这个玩具的卫生就好了。

(七)10～12 个月的婴儿

能一眼认出人群中的爸爸妈妈。如果爷爷奶奶、外公外婆经常来看望宝宝,他们一进门,婴儿就会非常高兴,会拍手欢迎,急着让他们抱。这个月龄的宝宝开始把更多的注意力集中在他喜欢的人和玩具上。对亲人特别是对妈妈的依恋也增强了。

1. 观察父母的表情

他会仔细地观察父母的表情,通过父母的表情来判断自己某种情景是否安全可靠。有的宝宝会用手表示"再见、谢谢",能理解大人的一些话。会摇头,但往往还不会点头。现在的宝宝一般很听话,想讨人喜欢,愿意听大人指令帮你拿东西,以求得赞许。

2. 产生恐惧

宝宝在这个时候对陌生的场所或陌生的场景已经有了恐惧感,如开始害怕吸尘器的声音。如果宝宝对什么东西十分害怕,你不要紧张,应抚慰你的宝宝,

让他知道他不会受到伤害的,这可以加深宝宝对自己和他人的信任。

3. 喜欢和其他宝宝在一起

多提供机会,让宝宝和别的孩子接触一下。这个时候的宝宝喜欢看到和他一般大的宝宝,特别是当你邀请的朋友也带来了他们的宝宝时,你的宝宝就会十分兴奋。在1岁内,妈妈及时地给孩子各种满足,适时地作出积极的情绪回应,这样宝宝会体验到更多的开心。

4. 还不能理解共享的意义

多带宝宝外出玩耍,遇到事情的时候,父母要适当地表达自己的情绪,让宝宝通过观察父母的行为,学习表达情绪的正确方式。在和其他宝宝一起玩的时候,你的宝宝通常会以他为中心,他会很自然地认定每个玩具都是给他的。在一年或更长的时间内他还不能理解共享的意义。

(八)12～16个月的幼儿

宝宝对外界的人或事物的敏感程度越高,潜能越容易被开发出来。爸爸妈妈要充分利用宝宝各种潜能发展和能力发育的关键时期。但当你对他的行为不满时他能理解,并正在加深对因果关系的认识。

1. 不如小时候好带了

这个年龄段的宝宝,他想要什么就必须立即得到,让他等待简直是不可能的事情,因为他还没学会如何控制自己的情绪。妈妈会觉得这么大的宝宝不如小时候好带了,不乖了。宝宝越来越爱耍脾气,换个角度来看,这预示着宝宝的想法越来越多,思维开始活跃起来。

2. 有了简单的同情心

这个阶段的宝宝已经有了简单的同情心,尽管这种同情心有时表达的不十分准确,看到别人笑,他会笑,看到别人哭,他也会哭。这种情绪的产生对宝宝将来的社交行为会产生深刻的影响。

3. 惊奇和害羞

宝宝逐渐地流露出惊奇和害羞的情绪。当他看到新生事物时,他会感到非常惊奇。他已经能够准确地理解熟悉与陌生环境的差异,对生人感到害怕而且更加黏人。要东西时,会用手指去指点。宝宝对妈妈的依赖感越来越强,直到4岁以后,这种依赖感才有所减弱。

4. 冷静地对待宝宝

他的小脾气越来越大,并开始用扔东西来表达自己的愤怒。当宝宝发脾气的时候,一定要冷静地对待他,不要以吼叫对吼叫来跟他对抗。当宝宝去探索一些陌生的事物时,只要不是确实危险的事情,父母就不要大惊小怪,应多一些鼓励的表情。

(九)16～20个月的幼儿

快1岁半的孩子,按时睡觉是宝宝不感兴趣的事情,但睡觉前讲故事却是宝宝感兴趣的,所以为了听故事宝宝就可能会催着妈妈上床睡觉。饿了,会清晰地说"饿"或"吃"。

1. 兴趣开始渐渐多起来

让宝宝看着书上的实物图片,能和现实生活中相同的实物联系起来,并指给妈妈看。宝宝能够叫出他熟悉的小朋友的名字,这是宝宝与人交往能力的又一进步。

2. 宝宝自我意识形成期

在宝宝眼里所有的东西都是他的。他始终相信自己是这个世界的中心,他应该得到所有的关注,所有的玩具和所有的好吃的。父母不必困惑,可以在生活中做一些分享的示范给宝宝看,慢慢地这种情况会发生改变。

3. 不要试图改变宝宝的个性

同情心也在这个阶段开始萌生,妈妈要会利用机会慢慢培养。如宝宝在与别的小朋友一起玩时,咬伤了别人,要告诉他小朋友被咬了会很痛的,以后不要再咬人了。找到适合宝宝个性发展的养育方法,理解、欣赏宝宝,以独到的方法、技巧和领悟养育宝宝。

4. 宝宝的情感世界

宝宝不但会开怀大笑,也会时而流露伤心表情,特别是当父母出门时,宝宝会表现出不高兴的神情。幼儿害怕亲人离开,最怕的是妈妈离开。幼儿离不开妈妈,这是情感世界逐渐丰富、发展起来的表征。

(十)20～24个月的幼儿

通过练习,宝宝应该能够完成踢球这样的动作。由于他的臀部和膝关节越来越有力而灵活,宝宝现在已经能很熟练地蹲下来捡东西再站起来。会表达很多日常需要,告诉妈妈他要吃饭、要喝水、要小便、要睡觉。需要帮助时,他会清晰地叫妈妈。

1. 变得容易发脾气

自己的意愿常常因为自身的能力有限而得不到实现。当宝宝语言表达能力低于实际思维能力时,宝宝不能用语言表达自己的意愿和想法,会急得喊叫,甚至会急得大哭。另一方面,宝宝也会通过这种方式吸引父母的注意力。

2. 一些简单的挑战

观察宝宝的情绪,在发现他有兴趣走走的时候,让他们好好"走"个够就是了。可以给宝宝一些简单的挑战,如让他走到房子的那边,把他的玩具捡起来,然后再回到妈妈身边。这种小小的游戏,既能让宝宝得到充分锻炼,又能让他们玩得开心。

3. 宝宝越小对感兴趣的事物越着迷

越小的宝宝集中注意力的时间越短,对一件事情和物品,包括玩具,保持兴趣的时间也就越短。这个月龄的宝宝能集中注意力5分钟左右。但有一个现象与此恰恰相反,就是宝宝越小,对感兴趣的事物和现象越容易着迷,喜欢长时间重复它。

(十一)24~28个月的幼儿

宝宝表现出某种具有攻击性的行为时,父母要注意循循善诱,诱导宝宝以正确的情感和语言与他人交流。父母不要把自己放在"一家之长"的位置,凡事都要听父母的,这样做的结果只能让宝宝疏远父母。

1. 缺乏合作精神

宝宝开始喜欢和小朋友玩耍,但还缺乏合作精神,还不懂得和小朋友分享快乐,这是正常的。当宝宝受到挫伤时,需要父母安抚和鼓励,当宝宝犯了错误时,需要父母耐心引导。

2. 是"难以管教"吗

孩子现在的情绪已经很稳定了,但时常还会由于愿望不能满足而大声哭闹。有时宝宝会表现出某种具有攻击性的行为,会打、咬、指挥身边的人,还会产生强烈的逆反心理。宝宝往往以任性的形式表现他的进步,这会让妈妈头痛,给父母"难以管教"的印象。

3. 更多地融入社会

从宝宝1岁开始,父母就可以逐渐培养宝宝的同情心及对新事物的兴趣,同时要创造比较多的条件让他更广泛地接触周围环境和人群,培养他的社会交往能力和适应能力。当离开宝宝时,要明确地告诉他你去哪里,什么时候回来。

4. 情绪变幻莫测

宝宝希望得到父母的喜欢,开始在意自己在父母心目中的样子和位置。可以说唱一些歌谣,爱提出问题。已能理解冷、热、累、饿的意义。令人头痛的是,他可能会因为不懂得如何控制自己的情绪而大哭大闹,情绪变幻莫测,有时会让父母有不知该迈左脚还是右脚的感觉。

(十二)28～32 个月的幼儿

当宝宝需要父母在他身边的时候,父母一定要在他身边。只有这样,他才会有更多的安全感,他的表现也才能比较好。狭小的家庭空间已经很难满足宝宝学习的欲望,他迫不及待地想走出家门,去外面的世界探险。

1. 尝试着要独立

2～3 岁的孩子身体的协调性得到很大的发展,腰、腹及双腿的力量也在训练中得到有效发展。这时的幼儿既厌恶父母提供帮助,又离不开父母的帮助,表现得很矛盾。及时地满足宝宝合理的需求,但不要让他养成依靠哭闹等手段来要挟父母的习惯。

2. 自我意识增强了

这个年龄段的宝宝开始尝试着要独立,但是他渴望独立的愿望有时候又会与他的能力的局限性发生冲突。当宝宝有负面情绪时,父母也表现出负面情绪,这样不但不能疏导宝宝的负面情绪,还会使宝宝的情绪进一步恶化。

3. 成事不足,败事有余

宝宝的感情很丰富,对待父母比以前体贴和乖巧多了。这个时候的宝宝特别想为大人做点事,但往往成事不足,败事有余。父母应该给他们提供一些机会好好表现。例如,可以让宝宝自己穿脱衣服、上厕所、自己吃饭、收拾玩具等,这次不成功,还有下一次。

4. 喜欢交朋友了

宝宝对同龄人开始产生兴趣,并愿意与他们建立友谊,轻松地和同伴在一起分享玩具,宝宝迈出了学着交朋友的第一步。这个时期的宝宝自我意识增强了,他们对玩具也有了自己钟爱的类型,如男孩子可能着迷于汽车。

(十三)32～36个月的幼儿

有些宝宝的双手十分灵巧,已经会自己洗手绢、刷牙。给宝宝建立生活规则,爸爸和妈妈要意见一致、做法一致。当宝宝情绪非常激动的时候,最好不要跟他对抗,等他情绪冷静下来,再好好跟他谈谈。

1. 开始建立想象力

这个阶段,他可能会煞有介事地把他想象的朋友或者别的什么人物介绍给你,他在想象的世界里体验着爱、同情、愤怒和恐惧等诸多情感。为了吸引父母的注意,这个月龄的宝宝学会了大声喊叫。他开始期望博得周围人群的赞赏,并因此乐于为周围人群做一些小小的表演。

2. 好一天歹一天

他情绪控制的能力会有所提高,但是依然比较弱,并且常常出现好一天歹一天的局面。如果宝宝某一天表现的不是很高兴,甚至有些令父母不知所措,这时,除了仔细观察一下孩子是否有些不适之外,父母不必惊慌,可能明天又是一个艳阳天。

3. 多给宝宝一些解释

帮助他以恰当的方式来表达自己的情绪,该原则一定要坚持,不能因为宝宝大发脾气就放弃。防止让他养成以哭闹来要挟父母的不良习惯。完全让宝宝根据自己的心情和感受决定应该做什么、怎么做,有时会让宝宝感到无所适从。

4. 足够的心理支持

当宝宝大哭大闹甚至踢打尖叫的时候，父母尤其要冷静，应尽量避免与宝宝之间发生争执，一旦宝宝情绪失控，最好紧紧地抱着他，等待他平静下来，并且要明确地告诉他正确的行为是什么。

三、启蒙心智

儿童存在着与生俱来的、积极的、不断发展的"内在动力"。启蒙教育的任务是激发和促进儿童"内在动力"的发展，以儿童为中心，让儿童自发地主动学习，独立思考，自我发现，自我教育和成长。

（一）0～2 个月的婴儿

婴儿自呱呱坠地起，便有视觉、听觉、嗅觉和味觉，这些感官的发育十分迅速。抱抱你的孩子，通过抱、抚摸、依偎、脸贴脸、握握他的小手等。从婴儿一出生，就应尽量争取多喂哺母乳，因为在喂哺母乳时，婴儿可听到他在子宫内的熟悉的母亲的心跳声，能闻到母亲肌肤的香味。

1. 刺激感觉器官的发育

在宝宝床的上方距离眼睛 20～30 厘米的地方,挂上 2～3 种色彩鲜艳,最好是纯正的红、蓝、黄等各色玩具,如铃、环或球类。在婴儿面前触动或摇晃这些玩具,以引起他的兴趣。在婴儿集中注视后,将玩具在水平方向或垂直方向边摇边移动,使婴儿的视线追随玩具移动的方向。

2. 发掘耳朵的听力

孩子出生后不久,妈妈轻柔的呼唤声和儿歌声使孩子的听觉神经与大脑细胞之间建立了牢固的联系。对婴幼儿来说,最重要的是听到母亲轻柔悦耳的歌声,听到声音会转头,能注视母亲的脸,尤其是母亲的眼睛。若能让他看清你的脸并和他说话,他会用开口或闭口的动作来回应。

3. 宝宝的注视力

满 1 个月时,眼睛能随物体移动,在追视看玩具的同时,试着让宝宝的小手抚摸玩具,用玩具触碰小手背,宝宝的小手会慢慢张开,然后,把玩具放进他的小手,使他感知玩具的硬度和形状。将宝宝的小床放在有着光影变化的窗边,画一些黑白的图案和面孔贴在宝宝床边的墙上。

4. 妈妈轻声细语的儿歌

婴儿刚一出生就能注意到周围的响动和人的声音,因此无论宝宝躺着或抱着,家长都应在孩子身旁的不同方向用说话声、玩具声逗他转头寻找,以接受语言刺激。和婴儿说话要用儿语,即用较高的音调、缓慢的节奏、重复的音节和夸张的语调。宝宝最爱听妈妈轻声细语的儿歌,当婴儿自动发音时,家长可认真聆听,并且与之应答,就像和宝宝交谈一样。

5. 和宝宝一起玩

吊挂玩具,如五彩缤纷的小气球、吹气的小动物、色彩明快的或黑白色相间的纸张、图案等。吊挂在童床周围,要经常调换悬挂位置,促使宝宝的头、颈、眼

睛得到均匀的发育。

鲜艳且能发声的玩具,如能捏响的小动物、声音柔和的摇铃等可以摆在宝宝周围,利用发声的玩具吸引他抬头,让宝宝趴着练习把头抬起,增强颈、胸部肌肉的力量。

6. 颜色、声音和动感

能跑会动的玩具,如电动的或上发条的小动物等。还可以用废弃的茶叶盒粘上不同颜色彩纸条,在宝宝眼前转来转去,可让他看到色彩的动感变化,这种设计一定会吸引宝宝眼球。

把装有小铃铛的充气大塑料球吊在小床的上方宝宝能用脚踢到的地方。当宝宝蹬到大球发现球在跳动,听到铃铛的响声,他会很兴奋,会更高兴地踢蹬。

(二)2~4个月的婴儿

父母可主动将玩具放进宝宝的手中,还可帮助宝宝用手拍打悬挂的玩具,促进手眼协调能力的发展。拿着孩子柔嫩的小手,指指点点书上的世界,孩子似懂非懂地看着、听着。

1. 唱歌游戏

轻轻把宝宝放在你的膝盖上,给宝宝唱婴儿们最爱听的"小白兔",并随着节拍颠颠他。洗澡的时候给宝宝唱"鸭鸭歌",玩宝宝手指时唱"数数歌",睡觉时为他唱摇篮曲,唱歌时试着轻轻在宝宝的肚子或手上打节拍,这会让宝宝觉得更加快乐。

2. 触摸不同质地的东西

动动你的手指,让小玩偶"活"起来,让婴儿有机会触摸不同质地的东西,如摸摸柔软的毛巾、长毛绒玩具,摸摸硬硬的玻璃瓶木制玩具等,以促进婴儿的触觉。可用面巾纸、毛巾、海绵、橡胶刺球、软毛刷、搓澡巾等轻拂宝宝的皮肤,促进宝宝触觉的发育,建立起安全感。

3. 父母爱语

一种语速缓慢、语音优美清脆而又抑扬顿挫的言语形式，它是父母同孩子讲话时用的，它不仅仅是一种亲切的话音，有证据表明这种富有音乐感的韵文形式有助于婴儿获得语言能力。让儿歌、轻音乐的音调时高时低，时远时近，训练婴儿追寻声源，注意聆听。

4. 先把图书当做玩具

其实，开始给宝宝看书，就像给宝宝玩玩具一样。但是，在许多人的眼里，书还是很深奥的东西，只知道吃喝拉撒的小屁孩怎么能看书呢？这时，家长不要把书的功能局限于阅读，你可以把它看做一个全能玩具，让孩子自己学着拿。

5. 第一次给宝宝读书

很显然，早期阅读的主要目的不是增加知识，而是培养宝宝对书籍的兴趣。如果宝宝从小就接触书，就容易培养读书的兴趣。轻声细语地读着书上的语句，时不时地告诉儿子"这是大象，这是小狗"。

(三)4~6个月的婴儿

平时一些自然而又简单的动作，如搂抱或轻拍、对视和对话，都会刺激孩子的成长。细心的母亲会发现，在对婴儿说话时，他会动手动足，一副满足的模样。

1. 抓握玩具

这时的宝宝已经可以完全控制自己的头部，仰卧时可用玩具或其他物品，从一侧向另一侧移动。当婴儿能竖起头、手会抓握时，应该多给孩子一些轻巧易抓的玩具。多让他有俯卧的机会，并练习用前臂支撑抬起胸部。

2. 支持性关爱

多与婴儿"对话"，多聆听、指导孩子认识真实的世界，包括学习对妈妈说再

见，与他人友好相处，勇敢地探索周围环境，所有这些支持性关爱与护理都能使人类大脑的结构得到健康发展。

3. 勇于探索

现在宝宝能按动简单玩具上的按钮来制造一些"噪声"或弹出一个面孔，他为自己的本领感到非常得意。他也喜欢把堆砌好的塑料积木打倒，或是把不倒翁打倒又看着它自己立起来。宝宝洗澡的时候，你会发现他站在水里的时候，特别喜欢用脚踢踢浴缸的两侧。

4. 娱乐读书

宝宝喜欢玩儿但还不会玩，如果他的兴致得到满足，在游戏过程中体会到快乐，就会越发地被激起学习的欲望，这将成为一生的学习动力。对于几个月的婴儿，书和普通的玩具没什么两样，都是他娱乐自己、认识世界的媒介。

5. 多输送有意义的声音

婴儿的脑内的"听觉地图"，大概到 1 岁左右完成。因此，输送越多的有意义的声音到婴儿的耳朵里，越能促进婴儿的脑内主管听觉的神经元的敏感性。

你会发现幼儿获得的词汇量的多少，在很大程度上取决于母亲对孩子说话的数量。比起不太能听到母亲说话的婴儿来，经常听母亲说话的婴儿所掌握的词汇要多很多。

(四)6～8 个月的婴儿

他开始明白事物之间的关联，如小盒子为什么能够放到一个大盒子里去。他正在懂得，有些东西即使他看不到了也还是存在的。不要轻易打断他的活动，哪怕他不厌其烦地用积木敲打着桌面，这样他的能力就会日新月异地迅速发展。

1. 大动作的充分发展

在可能的时候多把宝宝放在地上，让他有足够的机会爬，或是把宝宝喜欢

的玩具放在他刚好够不着的地方,鼓励他试着爬过去抓住它。前几个月里不断的锻炼,使宝宝的肌肉、平衡能力和控制能力都有了发展。这时的宝宝已经能够轻易地滚来滚去了,他一会儿仰面朝天,一会儿又翻转过来。他也能较长时间地坐着,或者身体向前倾斜也不会倒下来。

2. 手的精细动作

手的发展很大程度上代表了智慧的增长,家长可以让宝宝玩各种玩具,促进手的动作从被动到主动,由不准确到准确,由把着手教到听语言指挥而动。一旦宝宝学会坐直了,而且不再需要用手来支撑自己,就会努力地去抓周围一切让他兴奋的东西。

3. 认识事物之间的联系

给宝宝一些不同颜色、不同形状、不同大小的塑料套杯,帮助宝宝认识事物之间的联系。宝宝把这些杯子一个个按顺序套在一起或许需要几个月的时间,但是宝宝很乐于尝试。当宝宝想换一种玩法的时候,你可以把这些杯子垒起来,让宝宝把它们打倒,这也是宝宝喜爱的游戏之一。

4. 让孩子单独待一会儿

当妈妈、爸爸、奶奶经常照顾他的人走开的时候他会哭,当看到生人他也会有一些逃避的反应。这个时候不妨给孩子一些独处的时间,如孩子刚睡醒可以让孩子享受一些独处的时间。如果在孩子非常高兴玩耍或者是玩玩具的时候,可以让他单独待一会儿。

5. 把"吃手"的注意力转移到其他方面去

宝宝出生后不久,最爱做的事情是"吃手",他"吃手"时神情专注,仿佛在享受人间美味。在这种情况下你最好的选择就是不要打搅孩子的快乐。在宝宝半岁之后,不断采用转移注意力的方法,很自然地把他"吃手"的注意力转移到其他方面去。

（五）8～10个月的婴儿

在 9 个月时,让孩子多接触各种颜色,如有意识地让孩子看各种颜色的图画、报纸及其他有颜色的物体。他的记忆是短暂的,一件有趣的玩具或是一个突然的想法都会再次吸引宝宝的注意力。

1. 最初的阅读能力

孩子刚出生时视觉发育很慢,不能较长时间注视一个固定物体,并有视觉跳动现象,所以他们爱看晃动着的画面。随着年龄的增长,视觉发育趋向稳定,他们能逐步地盯住一个稳定物体的画面。并能上下左右的移动,这样就产生了最初的阅读能力。

2. 爬行会使孩子的视力注视前方

因为婴儿向前爬行时,他必须小心前面的物体,因此每次爬行孩子都会注视前方,使他们的两眼视力不断集中而发育完善。如爬行少,孩子这方面的训练不足,无疑是个缺憾。

3. 区分颜色、形状和大小

在孩子接触各种色彩的过程中,大人用语言讲述各种色彩的名称,以语词强化孩子对色彩的分辨能力。给孩子某一玩具,或教他认识某一事物时,强调让他记住不同事物的颜色、形状、大小的特点,然后与别的事物加以比较,分析它们的差异等等。

4. 别忘了积极的引导作用

当宝宝不愿意被放到小童车里的时候,会把背拱起来,或在你喂他不想吃的东西时摇头。如果宝宝不喜欢穿衣服,你可以给他唱一首好玩的歌让他忘记为什么自己要捣蛋。尝试换一个角度,把宝宝的注意力引导在"他能做什么"上,而不说他"不能做什么"。

5. 正确应对宝宝的情绪

知道自己的名字,听到妈妈说自己名字时就停止活动,并能连续模仿发声。在大人的语言和动作引导下,能模仿大人拍手、挥手再见和摇头等动作。当宝宝对表演没有兴趣的时候,不要强求,可以多跟宝宝玩一些表情游戏。

(六)10～12个月的婴儿

严格的家庭教育会使孩子的天性受到限制。教育孩子,就像砌砖头一样,一定要打好基础。幼儿期性格的形成、智力的开发及所经历的环境,对宝宝今后的发展影响深远。采用最适合自己孩子的方法来进行教育,切忌揠苗助长。

1. 宝宝的信任感和安全感

父母应经常与宝宝一起做各种游戏,教宝宝说简单的话,以及尽量满足宝宝急于探索世界的要求。只有当他在生活上得到悉心照料,在精神上得到爱抚和热情的关怀时,孩子才会建立对这个世界的信任感和安全感,为他个性的健康发展打下良好的基础。用餐不是可以讨价还价的娱乐,用餐就是要坐下来,好好地围坐、好好地享用。

2. 培养思维和兴趣

大人要注意经常提出问题,让孩子思考回答,经常带孩子到外面增长见识,培养孩子的观察和辨别能力。有时要有意做些违反常规的小事,让孩子纠正,要寓教于乐,引导孩子做智力游戏,并培养孩子对音乐、体育、绘画等方面的兴趣。

3. 透过游戏培养能力

尝试各种游戏,不但能学会各种动作,而且当他们在游戏中体会到这些美妙的感觉后,一定还想再试试其他运动游戏。此时,他们必须克服自身以往在大人面前表现出的霸气和娇气,学会服从和忍耐。当孩子产生自信以后,就会对各种事物萌生兴趣,主动地去研究个透彻,这样积极进取的人格也就逐渐

形成。

4. 严格教育要始终如一

有时允许孩子这样做,有时又不允许,这样会给孩子带来困惑。现在许多年轻父母高兴时对孩子不管不问,不高兴时又格外严厉,没有一个始终如一的规矩,这种朝令夕改的做法会给孩子幼小的心灵造成紧张和混乱,从而人为地制造教育孩子的障碍。

(七)12~16个月的幼儿

人最基本的学习能力是从感觉学习开始,即通过感觉器官来接触和了解世界。在此基础上逐步完善了听知觉和视知觉,学会了分辨、记忆各种图形,分辨、记忆各种不同的声音。孩子这时能分清物体的形状,最先会认圆形,但很快就能确认方形和三角形。

1. 蹒跚地向你走出一两步

妈妈可以从简单的训练开始,让宝宝与你面对面站好,注意将他置于你的保护下,然后轻轻把他向你的方向拉,他就会蹒跚地向你走出一两步。到 14 个月时,大部分孩子都能开始独自站立和走步了。当然,不同的孩子进度会有不同,如果你的孩子此时还没有掌握走步的技巧,也不用过于着急。当他取得一点进步时,就要给予最热烈的拥抱。

2. 对客人说"再见"

宝宝是通过听大人说话来学习说话的,因此请尽量多和宝宝说话。这一阶段,你的宝宝可能已经开始试着说出一些词语。如果客人要走了,宝宝会向客人说"再见"。孩子说话迟早差别很大,有些宝宝可能会沉默几个月,然后突然说出 3 个词的句子。

3. 念书给孩子听

如果说孩子的智力主要是先天的,而学习能力的形成与发展则是后天形成

的。念书给孩子听,买书给孩子建立自己的家庭图书馆,将书放在随手可得的地方。和他聊聊书中的故事和角色,一本好书里的主角可是会留下美好的记忆的!

4. 确保环境的安全

14 个月的宝宝活动能力又有提高,会走以后的宝宝更喜欢四处探索,但还没有危险意识。现在的宝宝有一个特点,往往是你越不让他做什么,他就越对什么事感兴趣,所以一定要确保宝宝生活环境的安全,把有危险的物品锁起来或放到宝宝不可能拿到的地方。

(八)16～20 个月的幼儿

学会与孩子的良好沟通可以把家长的期望和爱抚充分的传递给孩子。父爱、母爱对儿童身心健康发展比物质的满足更为重要。与孩子交流时鼓励孩子表达并且倾听孩子的意见,坦诚信赖,言必有信。

1. 以爱为前提的管教

沟通和管教应以民主的家庭教育方式为基础,当孩子的好榜样,尊重孩子的独立人格,接纳并体会孩子的感受及想法。孩子的一举一动都可以看到家长的影子,因此提高家庭教育意识,学会与孩子交流和管教这门科学。

2. 情绪与智力同步发展

如果宝宝的情绪时好时坏,如果缺乏求知欲、兴趣感,他的智能的进一步发展就会受到限制。因此,我们应当在开发孩子的智力、培养道德意识的同时,注重培养良好的情绪,注重与孩子进行情感交流。调动起孩子的积极性,这样就会收到事半功倍的良好效果。

3. 做个小小探险家

幼儿探索周围世界时,需要父母的帮助和鼓励。所以,当他们发现一些新东西时,一定要及时给予正面的肯定,告诉他你有多高兴和吃惊。他会非常乐

意看到自己的努力换来热情的拥抱。这种正面的引导会让孩子长大以后具有更多的冒险精神。

4. 搅拌训练

父母要准备一小盆水,水里放上一个乒乓球或其他塑料玩具漂浮在水面,然后给宝宝一个小匙,当宝宝在搅拌时,可以看到水的搅动,父母让宝宝一边转搅,一边观察水面上漂浮物的转动。这样可以训练幼儿手指手腕的灵活性,发展幼儿观察能力和思维能力。

5. 带孩子去散步

散步是很好的运动和亲子共处的时间,带孩子到住家附近、公园或动物园走走。当你们在走路的时候,可以看、触摸并且闻闻树、草、花、鸟、有趣的事物或昆虫和任何东西,看到什么说说什么,边看边学。

(九)20~24个月的幼儿

父母们可以带着孩子唱歌谣,听音乐,给他们准备各种各样的有趣玩具和拼图,提供充分的空间去展示孩子们的活力。随着月龄的增加,宝宝开始逐渐喜欢和小朋友一起玩并慢慢地学会分享。

1. 培育孩子的语言能力

注意趣味性,在孩子兴趣盎然的游戏活动中,有意识地引导孩子学说话。尽可能说得缓慢而清晰、使用简单的词语和句子。注意形象性,即为了使孩子逐渐掌握丰富的词语,应尽量使这些词语连同所代表的事物对应起来,一起印入孩子的脑海中。

2. 让小脑瓜"转"起来

孩子变得对周围的事物兴趣更浓了,无论是看到的、听到的、摸到的,或者是尝到的。孩子们表现得越活泼,兴趣越广泛,他们的求知欲望和学习能力也就会越强。此时父母们应该特别注意为孩子提供足够多的"新鲜事物"。

3. 选择一个好的故事

对于学龄前的幼儿来说,所谓好的故事一般来说有着固定的模式,即有趣的开始,简单的故事流程,和令人满意的结局。最后一点尤其重要,幼儿需要明确地知道故事中的坏人最后是不是真的被铲除,英雄人物是不是安全无恙,从此过着幸福快乐的生活。

4. 掰物训练

父母准备几个橘子,教宝宝把橘子皮剥开,然后把橘子一瓣一瓣地掰开;或父母把手握起拳头,让宝宝一个手指一个手指掰开。训练宝宝双手的灵活性,发展观察力和思维能力。

5. 培养孩子的兴趣

在生活中你常常会看到一些小孩子在按家长的要求做某些事的时候,总是心不在焉,而在做他感兴趣的事情时,却能全神贯注、专心致志。培养孩子的兴趣,要采取诱导的方式去激发。例如,培养小儿识字的兴趣,你可以利用小孩子喜欢故事的特点,给小孩子买一些有文字提示的图画故事书。

(十)24~28个月的幼儿

不断发展的记忆力和语言技能使宝宝在大脑中形成事情是怎么发生的印象,从而帮他理解其他的一些概念。开始学习掌握各种规则,并通过控制物品体现自己对规则的掌握程度。

1. 宝宝的理解能力有了发展

在看着宝宝玩耍,跟他说话或解释一些事情的时候,你会发现宝宝的理解能力有了发展。例如,如果他看到你把他的玩具熊放进盒子里,然后问他:"玩具熊在哪儿啊?"他很快就能理解某种东西在盒子里是什么意思。要这样一直做给他看,并且给他解释,这样他就能逐渐开始更多地了解他周围的世界了。

171

2. 由兴趣引导到注意力

幼儿注意力的焦点变化快速,家长要保持和加强孩子对活动的兴趣。因此家长在上学前,有意识训练孩子的注意力从有兴趣的活动逐渐过渡到兴趣不太高的,直到没有兴趣的活动,训练的时间也要逐步延长。当孩子专心致志做事情的时候,尽量不要打扰他,当他兴趣出现转移的时候,可以一起参与到活动中,让孩子坚持更长的时间。

3. 父母应成为学习型家庭的主体

家长对子女的教育,是在自己带头学习新知识的动态过程中完成的,哪一天父母自己不学习,他就失去了教育子女的资格证书。在与孩子相处时候,用你的学习习惯影响孩子,只要孩子好好学习,而自己不读书、不学习的父母是不称职的父母。父母带头学习应成为学习型家庭的主体。

4. 和大孩子交谈

让他们有机会与比自己年长的人说话的机会,孩子慢慢发展出来的沟通技巧将会是他们生活中重要的工具,同时也建立自己更多的自信心。苛责与威胁的话语并不会增加小朋友的注意力,而给予鼓励,采取正面的行动并且为他设立模范对象才是有帮助的策略。

5. 穿衣服训练

宝宝在学习穿裤子时,告诉宝宝先把裤子的前面朝上放好再伸两腿;穿上衣时先用两手抓住衣服披到身后再伸两袖。另外,穿上衣时要教宝宝辨别前后,如何正确穿,要让宝宝反复练习。父母不要总替宝宝去完成,要叫宝宝自己动手去做。

(十一)28～32个月的幼儿

家庭成员中,尤其是与孩子密切接触者中有脾气较大甚至暴躁的人,他们解决问题的方法、对他人的态度就会潜移默化地影响孩子。

1. 清楚地说话

今天还不会说什么的宝宝,明天突然会说很多话了,似乎比爸爸妈妈的语言能力还强,这一点其实并不奇怪。如果这个年龄的宝宝还不能清楚地说话,或者词语的发音不正确,这可能与宝宝面部肌肉的发育有关。你的宝宝大多数词语的发音还是不正确,首先请医生确认一下宝宝没有听力方面的缺陷,然后让宝宝进行一下语言能力测试。

2. 多一些锻炼的机会

当他要自己做事,常常会说"我自己来",对孩子这种独立的要求应该珍惜和爱护,应在他力所能及的范围内,多给他一些锻炼的机会。凡是他自己能完成的事,大人就应该放手让他去做,使他不怕失败,只需大人在旁边做一些帮助和鼓励,并逐步对他提高要求。还可适当设置一些困难叫他去克服,使他学会努力去克服自己内在和外部的困难。

3. 学会忽视胜过管教

在孩子违反原则时,要有意识地忽视他,这是对2～3岁孩子很有效的约束技巧。假如在商店里的所有人因为你的孩子尖叫而侧目,也不要向他显示你听到了他的喊叫,继续做你正在做的事。最初,他的反应可能更加强烈和频繁以测试你的忍耐限度,但最终他会意识到你忙于购物无暇理他。如果你停下手中的事去关注他,你就是鼓励他一遍遍重复错误的行为。

4. 宝宝正处于第一反抗期

他们经常与父母唱反调,父母若坚持要求宝宝服从,往往会弄得双方都不愉快。因此,父母对宝宝要慎用"不"字。因为这个"不"字只是否定了宝宝当时

想要做的事,却又没有告诉宝宝应该怎么做,孩子只好仍照原来的想法坚持下去。

5. 对任性孩子的降温处理

当孩子一意孤行时,爸爸妈妈可以暂时不予理睬,让他体验不讲道理是无助的,发脾气是行不通的。待他情绪稳定之后引导他自己说一说爸妈为什么不理他,让他从中明白道理,帮助他提高自我制约能力。如果孩子具有阐述自己理由的能力,爸妈可以在耐心倾听的基础上帮助他分析。

(十二)32～36个月的幼儿

家长应采取易于为孩子接受的平等对话方式去理解孩子,相信孩子,做孩子的知心朋友。性格开朗、豁达、宽容、富有爱心的父母或看护人,会让宝宝拥有稳重、自信的品格。当宝宝精力过剩时,妈妈可以加大他的运动量,让精力过剩的宝宝多运动。

1. 加强亲子沟通与正确指导

家庭在培养孩子的非智力素质时,应重点放在培养其情感、意志、兴趣、习惯、志向等方面。注重与孩子的思想交流,教孩子仪表、修养、礼节及做人的道理,良好的亲子沟通培养优秀的内在品质。忽视这些非智力素质的培养会疏远自己与孩子的距离。

2. 学会从幼儿的角度思考问题

紧张的生活节奏加上整个社会的激烈竞争与对成就的高度重视,让一些家长无形中存在着对孩子们"赶快长大""集中注意力"的严格要求。成年人不适当的持续压力往往容易引起幼儿情绪紧张,久而久之会毁掉宝宝的天资。孩子做事情、玩游戏的时候,家长应从幼儿的角度去考虑,应当多加引导而不是强求。

3. 初受教育，留个好心情

初次接受教育，玩境及老师最重要，如果宝宝能在这里身心充分放松，那么他对学校的概念就是愉快的，如果宝宝在幼儿园的头没开好，以后上小学也会畏缩不前。

从现在开始就要强化训练宝宝的自理能力，让他学会使用厕所，并学会辨认衣服的前后反正，并教宝宝与人相处时要注意的事项，以适应集体生活。

4. 开始"学习知识"了

3岁的宝宝，仍然是以玩为主的宝宝。如果父母过于关心宝宝的智力发育，认为宝宝从现在开始必须接受"正规训练"了，必须要开始"学习知识"了，那父母的麻烦可能会增加。避免过早让宝宝承担"学习的重任"，到了上学的年龄，宝宝感到学习知识已经不是乐趣，而是负担和压力了。

5. 当宝宝精力过剩时

宝宝的提问更全面了，他对新鲜事物的探索精神常让你疲于应付。可经常带他去操场、公园等地方，让他过剩的精力有足够的渠道发泄，使得他的心灵有广阔的发展空间。如果你的宝宝常处于精力过剩的状态中，你更应多和孩子待在一起，了解他的优点与弱点，在他精力过剩时更好地帮助他，过多的干涉与限制特别容易激发精力过剩宝宝的反抗。

6. 我要搭建一座大楼房

开始学习构思自己的行动内容，并通过双手达到自己的目标，如会先构思要搭建一座高楼大厦，然后选择不同的积木一块块有步骤地将心目中的高楼大厦搭建起来。对于物品的认知更多了浓浓的情感，宝宝的想象力和创造性思维开始进入萌芽时期。

四、让游戏伴随宝宝长大

宝宝的学习大多是通过游戏进行的,小床栏杆可以玩,毛巾被可以玩,食物可以玩,手可以玩,洗澡水也可以玩,只要周围他看得到的、碰得到的,都是学习的工具。所以,爸爸、妈妈不必特意去添购玩具,重要的是你能不能陪着他玩。

(一)0～2个月的婴儿

爸爸、妈妈是宝宝最喜欢的"大玩具"。你们对他说话,轻轻摇晃他,给他唱歌,给他放音乐听,给他唱摇篮曲,或者绕着屋子和他跳舞,所有这一切都会给他带来快乐。

1. 说说话、摸摸头

在宝宝觉醒或和宝宝讲悄悄话时,配以轻轻地皮肤抚摸。抚摸部位可以是头发、四肢、腿、腹部、背部、足背、手背、手指等。每天至少5～6次,每次3～5分钟,即每天15分钟以上。皮肤触摸可以当游戏来做,从而达到发展触觉、促进生长、传递亲子之情的目的。

2. 伸伸舌头、咂咂嘴

培养宝宝的模仿能力。你可以轻轻地抱起宝宝,对着他的小脸,先张开嘴,然后伸伸舌头、咂咂嘴。你会吃惊地发现,宝宝先是盯着你,渐渐地张开他的小口,把舌头伸出来,和你做一模一样的动作,像镜子一样。宝宝的一切学习都要靠模仿获得,口的动作是最容易学习的。从最简单的做起,你和宝宝会建立起良好的沟通。

3. 闻闻不同的气味

可让他被动地嗅各种不同的气味,刺激小儿的嗅觉器官。婴儿长大一些,家长可有目的地鼓励孩子去嗅不同的气味,并在训练的过程中用一定的语言进

行强化,比如问孩子"酸不酸"等,让孩子通过自身体验来发展嗅觉功能。

4. 与宝宝深情对视

深情对视,这时宝宝看东西的最佳距离大约 20 厘米,喜欢看对比强烈的图案,如飞镖盘、国际象棋棋盘等,最爱看的莫过于父母的脸,所以父母要多与宝宝深情对视。不要认为宝宝什么都听不懂,要多和宝宝说话,讲故事、唱儿歌,随时和他"拉家常"。妈妈哼唱的催眠曲,都能让宝宝心情好,感受到节奏和旋律,还能大大提高记忆力。

(二)2～4 个月的婴儿

宝宝仍然需要爱抚、鼓励和安全感,不过你可以用更加丰富而"刺激"的方式向他表达,如颠颠小宝宝,以及边唱边游戏等。

1. 找找哪儿来的声音

找声源是一种非常好的游戏,如有意按动门铃,妈妈抱着孩子在室内寻找,口中还应不断地问孩子:"宝宝听听,什么东西响了,在哪儿呢?"或是有小铃铛的尼龙搭扣腕带,他会发现只要摇一摇,玩具就会有声响,宝宝仍会四处寻找。你的宝宝将会喜欢拿着拨浪鼓,也喜欢摇摇它,听它发出的声响。让孩子学会听声音,听会响的玩具,学会找声源。

2. 面对面笑一笑

抱起宝宝时,在他面前经常张口、吐舌或做多种表情,使宝宝逐渐会模仿面部动作或微笑。经常用亲切温柔的声音与宝宝谈笑,注意你的口形和面部表情,使宝宝有时发出啊、喔、呜、呃等单个字母声。这种游戏可以促进语言理解、面部模仿和丰富情感交往。

3. 摸一下小玩具

有意地给孩子提供各种不同性质的玩具,如毛茸茸的玩具狗、光滑的金属汽车等,供小孩子触摸摆弄,让孩子接触冷暖、轻重、软硬等性质不同的物体,增

加孩子对各种物体的感觉,在实践中逐步发展孩子的触觉功能。

4. 翻身游戏

宝宝不断尝试着把身子侧过来,开始学习翻身了,但是自主翻身能力很差,需要父母给予帮助和训练。爸爸妈妈把宝宝平放在床上,一个手把宝宝的双手拢在胸前,另一个手慢慢翻动宝宝的身体,嘴里唱着儿歌配合着游戏的来回动作。这时宝宝身体的协调性和腰、臂、双手及双脚力量,初始平衡能力都获得了发展。

(三)4～6 个月的婴儿

开始学习双手递物品或协作拿取或抱持物品,培养宝宝良好的游戏习惯,让他在游戏过程中体会到快乐。一些玩具、游戏和活动可以更长时间地吸引宝宝的注意力。

1. 在游戏中开始学习

如果你用柔软的或毛茸茸的东西搔他的手心或指尖,他也会非常喜欢这种感觉。在给孩子洗澡时,小心地把他在你的怀抱中支撑好,把水泼在他的小脚上。这样可以刺激宝宝的触觉,又不会让他感到不安全。

2. 不见了

把几个柔软、色彩鲜艳的玩具,放在盒子或桶中,从盒子中拿出一个玩具给宝宝看,把玩具拿近你的脸并和宝宝说话,以吸引他的注意力。当宝宝的注意力被吸引到玩具上时,用布盖上玩具。对宝宝说:"不见了!"等上几秒钟,然后掀开布露出玩具并高兴地宣布:"在这呢!"用几个不同的玩具重复游戏。

3. 手鼓、摇铃动起来

为宝宝准备那种摇一摇就发出声响的玩具。家长可以拿起手鼓或摇铃高兴地摇上几下,然后放回原地。这时,家长会发现宝宝将朝着玩具的方向发起进攻,这样锻炼宝宝四肢协调能力。当他拿到玩具后,就会学着大人的样子摇

动起来,此时宝宝的模仿能力也得到了加强。

4. 撕纸游戏

将宝宝抱在怀里,拿出一张薄薄的纸,抖动发出声音,吸引宝宝的注意,然后轻轻地将纸撕开,示范撕纸的动作2~3次。当宝宝有想要纸的意愿时,将纸递给宝宝,等一切都研究过后他便会将其撕成一片一片的。撕纸游戏锻炼了宝宝手指的灵活性,家长不妨也陪他一起游戏,一起撕,和他一起品尝成功的喜悦。

(四)6~8个月的婴儿

开始学习爬行,但自主爬行能力很差。开始学习单手同时抓握两个或多个物品,一般是较大的物品。

1. 独坐游戏

用枕头等垫着宝宝背部使其靠坐起来,把玩具放在够得着处,让宝宝双手玩,注意宝宝是否疲劳,这样可以锻炼头颈腰背肌肉。如果头垂向前就应马上让孩子躺下休息。健身游戏进食后1小时左右进行。你可以用沙发围出一块宽敞的活动场地,再在地板上铺上席子、毡子或棉垫之类的东西,使他可以练习各种坐姿,并在上面玩耍。

2. 开辟一个运动场

8个月的宝宝不仅爬行的本领与日俱增,而且能够扶着东西站起来了。刚学会站立的宝宝,还不会自己坐下。一旦学会站立,他的本领就越来越大了。他可以用一只手扶着沙发站立,或者干脆背靠在床边把两只手腾出来去拿玩具。他还可以把一只脚放在另一只脚前面,用一条腿支持体重,想试着迈出他人生的第一步。要给宝宝开辟一个"运动场",任他"摸爬滚打"。

3. 从匍行到爬行

如果学爬时,宝宝的腹部不能离开床铺,你可以用一条毛巾放在他的腹下,

然后提起腹部,使体重落在手和膝上,开始手膝爬行。等小腿肌肉结实能支撑体重后,就会渐渐变成手足爬行。学爬行最好的玩具是各种色彩鲜艳、大小不同的皮球。皮球之所以受到宝宝的青睐,是因为无须宝宝费什么劲,皮球就能滚得老远。此外,每次皮球滚动的方向是无法预料的,而且可以失而复得,这就增加了玩耍的新奇和趣味性。

(五)8～10个月的婴儿

如果你的宝宝开始用手指东西了,那么他又达到了成长过程中一个重要的里程碑。它能帮助宝宝和你交流,因为他能够指出他想要的东西了。这一时期的宝宝对大小、多少开始有了概念。父母可以通过各种玩具、日常生活用品等加强宝宝对大小、多少等概念的理解。

1. 指指看

这个时期是训练婴儿手指的握力和灵活性,以及手指控制物品,运动能力发展的重要时期。和宝宝一块看书,一边说出书上东西的名字一边指着它们,鼓励宝宝也这样做。让宝宝练习捡起葡萄干和甜玉米粒这样的小东西,宝宝还会两手各拿一件东西,让它们相碰撞。

2. 亲子体操进行时

先让宝宝平躺着,我们拉起宝宝的两只小手带动手臂,在其胸前拉平再弯曲,轻轻地做扩胸运动,反复十几次。然后,我们再攥住宝宝的一只小脚,向上推至弯曲再拉平,反复十几次,再换另一只小脚做着同样的动作。如果边做边数着节拍,不但能增强宝宝的专注力,还能引起宝宝极大的兴趣。

3. 藏"猫猫"

大人用衣物或毛巾遮住脸,或是躲在他人身后,让孩子追视寻找。可训练孩子的视觉集中能力,对物体的追视能力,对物体形状、大小、颜色的辨别能力,对声音距离准确估量的能力和眼手协调能力。这个阶段的宝宝对空间特别感兴趣,他们喜欢爬到沙发或椅子后面。你的宝宝可能会喜欢爬过玩具隧道。在

隧道里把球滚给宝宝,让宝宝看是怎么玩的。

4. 拉绳取物游戏

让宝宝坐在桌旁的小椅子上,桌面上放一件他喜爱的玩具,但伸手够不着。当他疑惑不解地看着你时,你就把一根绳子系在玩具上,看他是否知道拉绳子取玩具。你可做示范,让他模仿。要多次重复这种游戏,不断变换绳子的颜色,放上不同的玩具。游戏可以让宝宝理解事物之间的逻辑关系,发展解决问题的能力。

（六）10～12 个月的婴儿

过家家可以让宝宝了解生活规律,培养良好的生活习惯。类似跨大山的游戏可以锻炼宝宝脚部的肌肉,发展身体的平衡能力,促进宝宝走步的能力。

1. 跨越小山

在房子的地板上放几块积木,积木所放的形状应该是直线型的。积木与积木之间的距离应与宝宝所跨的步子大小相一致。爸爸先领着宝宝从一块一块的积木上跨过去。直到宝宝学会熟练的跨过积木后,家长适当的增加难度,如把两块小木板堆在一起,让宝宝在跨的过程中不能把上面的小木板弄掉。

2. 过家家

准备一个布娃娃、一个碗、一把勺、用纸团做米饭。对宝宝说:"娃娃饿了,该喂饭了吧!"喂完饭后,又说:"吃饱了,娃娃玩一会儿!"便和宝宝一起做开汽车、搭积木等游戏。玩一会儿后,告诉宝宝说:"中午了,娃娃该睡午觉了。"让宝宝抱娃娃上床,盖上被子,用手轻轻地拍娃娃睡觉。

3. 自编自演

和他们一起唱歌,并且唱歌给他们听,买玩具乐器给他们或者让他们利用一个汤匙或任何其他你想得到的东西敲出声音。当你们一起跳舞的时候应尽情舞动与欢笑,随着你喜欢的音乐起舞。你不需要教他们什么特定的舞步,因

为他们会自己发明一些优美的舞步。

（七）12～16个月的幼儿

开始时,他只是一个人玩耍,现在他逐渐会与其他伙伴一起玩了。这个年龄段孩子的主要学习方式是模仿。宝宝会把小桶中的玩具拿出来,并放回小桶。

1. 手指碰碰

妈妈先伸出一个手指,说:"伸出手指头,快来碰碰头。"孩子则伸出与妈妈相同的手指头。看孩子伸出手指是否对,对了则两手指头碰一碰,"手指碰头了",妈妈与孩子一起说。若手指伸错了,则必须纠正后,手指才能碰头。当孩子熟悉后,可适当加快速度。锻炼手指的灵活性,熟悉各手指的名称、特征。

2. 打电话

不像在第一年,他只是摆弄家里的物品。现在,他真正地学会了梳头、拿起电话牙牙学语、能够转动玩具汽车的轮子并朝前或向后拉。女孩会给玩具娃娃梳头发,拿着书本给你"读",让玩具娃娃假装喝水,或者把玩具电话放在你的耳旁。

3. 小马骑大马

宝宝两腿分开骑在爸爸的肩上,爸爸要拉住宝宝的双手。爸爸边走边说:"骑大马喽,快又快!"这样,一会快走,一会慢走,一会把脚尖立起来,一会又慢慢蹲下。让宝宝在游戏中感受高低位置的变化和进行速度的不同。

4. 脸盆中的游戏

给宝宝提供一些不同大小的塑料容器,一套带有小茶壶的茶具也可以给宝宝带来莫大的乐趣。在他试着从壶嘴倒水时,手眼的协调能力受到了进一步的挑战。许多洗澡玩具都可以舀水玩,宝宝也可以通过玩水来了解浮在水面的东西,如树叶或木制的糖果棒,以及那些会下沉的东西,如小鹅卵石等。

(八) 16～20 个月的幼儿

你的宝宝知道玩具锤子是用来敲打的,并且能够正确地使用它,而不是拿其他玩具敲来敲去。这个时期是培养幼儿自身平衡能力,发展自身的协调性,以及控制物品的平衡能力的重要时期。

1. 纸和蜡笔

最初的涂鸦非常重要,因为它们是创造力的早期表现。用蜡笔涂画帮助宝宝训练手部灵活屈伸的能力。完成涂画的动作,需要宝宝具备眼手协调性和良好的肌肉控制能力。鼓励你的宝宝从他自己的涂画中获得乐趣,这样他就愿意画出更多的涂鸦作品了。

2. 玩汽车

他能够把玩具车和家里的车,书里的奶牛和田野里的奶牛联系起来。在认识不断增多的基础上,宝宝继续扩展他对世界的了解。比如,他会知道玩具车开起来是"呜呜"的,而塑料奶牛是"哞哞"叫的。

3. 用双手干

让他们画画,捏橡皮泥,一起做饼干,让他们感受不同的材质和创作的快乐。动手帮自己和帮大人做些事情,鼓励他们做些简单的事情,像是摆碗筷,把要清洗的衣服放进洗衣机里。让他们帮忙清理灰尘,虽然他们没办法做得像大人一样好,但他们在学习。

4. 搭积木

开始学习把握自身的平衡和物体的平衡,并懂得利用手边的物体创造平衡。垒叠平衡能力迅速发展,如可以搭 3～4 块积木,把书立在桌子上,把筷子架在筷子架上等。

(九)20～24个月的幼儿

玩具汽车、火车、玩具熊、洋娃娃和其他样子的娃娃都能让宝宝发挥他们的想象力。他们会把积木、玩具小汽车连接着排起来,并从后面推着前进;喜欢把东西堆得高高的,再推倒重来。这些玩具也帮助宝宝创造他自己的故事和情节,他可以和它们一起"表演"他想象中的场景。

1. 穿珠子

用直径为1厘米的五颜六色的木珠、塑料管、塑料薄板让孩子做穿珠游戏。2岁后可以对木珠的颜色、形状、排列顺序等提出要求,要求宝宝按红、绿、黄、红、绿、黄……这样的顺序穿珠。可以很好的训练孩子双手精细动作的发展。

2. 拔河比赛

用一条毛巾,大人与小儿各抓住一端,大人来回拉动毛巾,使小儿的上身随着毛巾前倾后仰,脚原地不动。在小儿学会配合运动后,让小儿主动拉毛巾,大人根据小儿的力量调节自己的力量,一张一弛,来回拉。不断的练习拔河比赛增强宝宝手臂及全身力量,学习配合动作。

3. 小背篓

妈妈将宝宝背在背上,边走边说:"小背篓呀小背篓,妈妈背着到处走,走到

东边走到西,乐坏我的小背篓。"用这个游戏,让孩子感受进行速度和不同方位的变化。

4. 玩洋娃娃

和洋娃娃、小动物或人玩过家家游戏,宝宝可能会假装喂他的洋娃娃,让洋娃娃睡觉,或是给洋娃娃洗澡。照顾生病的洋娃娃,假装给它喂药,这是很好的游戏。有时候宝宝会用洋娃娃表演自己的经历,这有助于他们理解日常生活中的事情。

(十)24～28 个月的幼儿

在孩子模仿画好横线、竖线、"十"字等基础上,教孩子画圆圈。可先握住孩子的小手,在纸上做环形运动,再让宝宝自己画。

1. 手帕猜谜

拿出一样食物或物品,用毛巾或手帕遮住,然后让孩子触摸一下它的形状和大小,猜猜它是什么。如果这样东西太难了,你可以给他一些提示,例如:"它的味道很甜""它有很多水""它是铁做的"等。当谜底揭晓后,你可以进一步让孩子分类,如水果类、蔬菜类、文具类等。

2. 画成圆圈

开始画出螺旋形的曲线,反复练习,逐渐学会把曲线封口,形成圆圈。如果宝宝还有兴趣,可以给未完成的画添上几笔,成为一个苹果的完整图形。完成一幅画,既可启发孩子想象力,又增添了宝宝作画的兴趣。

3. 玩拖拉玩具

爸爸在前面牵引发响的拖拉小鸡或小鸭,边走边说:"快来追小鸡(小鸭)!"让宝宝在后面追着玩具走。家长可故意停下脚步,让宝宝捉到玩具。家长和幼儿互换位置,孩子拉着玩具车在前面走,家长在后面边追边说:"小鸡(小鸭)等一等。"

4. 拼图游戏

虽然他可能还太小，不能独自玩拼图游戏，但是他会喜欢和你一起来玩。这种游戏需要良好的观察技巧，在努力找出合适的那块拼图，然后把它放到相应位置的过程中，宝宝得到很大的满足感。

（十一）28～32个月的幼儿

简单的智力拼图可以训练宝宝辨认相应形状的能力，还可以让他看到事物是怎样彼此契合的。学习以这种特殊方式观察也是为将来视觉注意力的发育做好准备。

1. 过小河

在地上放两条彩带，两条彩带间需要有一定距离。家长告诉孩子："这是一条小河。"然后拉着孩子的手一起从彩带上跨过去，并称赞他能干。练习几次后，鼓励孩子自己独立跨"小河"，并提醒他注意不要踩到彩带上。通过学习跨过障碍物，提高身体的协调性、灵敏性和平衡性。

2. 跳绳圈

用3条不同颜色的粗线绳或塑料带，围成大小不等的圆圈，一个连一个摆放好或间隔一定距离。开始时可以让妈妈拉着手按顺序跳，然后跳回来，渐渐

地妈妈松开手。熟悉后,还可以练习单脚跳或交替跳。

3. 折纸

准备好大小不等的各种彩纸,大人先折成简单的形状,让孩子仔细观察,再让孩子将彩纸折成同样的形状。逐渐要求孩子用大拇指和食指捏住纸,对齐边,再用拇指和手掌把纸压平。可以训练孩子精细动作的协调能力。

4. 保龄球

准备几个喝饮料剩下的瓶子或罐子,还有一个皮球。在离孩子滚球1～2米的地方,放些孩子喝饮料剩下的瓶瓶罐罐。家长教孩子蹲下使球向目标滚去,若击中目标,要表扬鼓励孩子;若击不中目标,让孩子把球拾回重来。

5. 挑出相似点和不同点

以前宝宝玩过稍为复杂的拼图,他要把一块某种形状的拼板挑出来,放到板上相应的位置。这种技巧可以发展为一个简单的游戏,即挑出和其他拼板相似点和不同点,这有助于增强宝宝交流思想和语言的技巧。

(十二)32～36个月的幼儿

这时的身体协调和双腿力量都获得了重要的发展。踢足球可以发展宝宝的腿部肌肉、平衡能力和空间感。

1. 推小车

让幼儿趴在软垫上,双手撑地,爸爸、妈妈一人抓住幼儿的一条腿,使幼儿两腿向上呈倒立状。幼儿两手交替前行,大人随其后同步前行,大人边推边说:"我们来推小车啦,一二、一二。"也可以一人双手抓住幼儿的双腿进行此游戏。它可以训练上肢力和平衡感,训练空间感。

2. 和爸爸踢足球

准备一个球内有小铃铛的彩色吹塑球,爸爸站在一侧,双腿稍分开,胯下当

做球门。让宝宝站在爸爸对面,距离为 1 米,启发宝宝将球踢进"球门"。如果宝宝采用推、滚等方法将球送入球门,也应鼓励。

3. 学习画人

如果宝宝已经画过许多圆形物品,这时父母可以叫宝宝在圆圈内画上脸的各个部位,父母可以帮助宝宝画鼻子、眼睛、嘴,问宝宝耳朵在什么地方,让宝宝去画。父母也可以在圆的下边画一条线代表胳膊,让宝宝画另一个胳膊,父母示范画一条腿,叫宝宝画另一条腿。可以叫宝宝再画一次,观察宝宝记忆及思维能力。

4. 油珠和水珠赛跑

准备塑胶布 1 张,1 小匙食用油,1 小匙水。把塑胶布铺在平整的地上,滴几滴油和水在塑胶布上,用力吹,看看油珠、水珠谁跑得快。由于油的内聚力较大,可一直维持凝聚状态,呈圆珠状,受到压力易滚动,跑得比较快。以此培养学习的技巧,满足孩子的好奇心。

五、儿童心智发育评估

1. 对儿童健康的认识

20 世纪 70 年代以前,人们只从"躯体"角度去理解"健康"的概念,在此之前,一个孩子不生病,活蹦乱跳就可以认为是健康的。20 世纪后期,人们才开始同时重视心理健康的讨论,人们针对那么多的孩子出现心理问题进行了思考。指出道德健康这个概念已是 20 世纪末的事。将"道德健康"和"社会适应健康"纳入健康范畴这是世界卫生组织对健康概念的新发展。近些年来,世界卫生组织指出:一个人只有在躯体健康、心理健康、社会适应良好和道德健康 4 个方面都健全,才算是完全健康的人。

儿童生理健康可通过身高、体重、营养状况、抗病能力、五官健康得到反映。

儿童心理健康包括容易抚养、活泼向上、无不良的生活习惯、学习能力强。道德健康的最低标准是不损人利己，最高标准是无私奉献，是将来社会追崇的希望。社会适应健康是以上3个健康的总和，是儿童健康发展的终极目标。儿童健康概念的改变表现为从身体健康到身心健康，从有病机体到社会行为健康，从亚健康到儿童全面发展，从功能模式到行为模式的转变。

2. 儿童健康评估的流程

健康评估不仅是一个概念，也是一种方法，更是一套完善、周密的儿童保健程序，它需要爸爸妈妈在孩子整个发育过程中全力配合。

首先，收集孩子个人健康相关信息，每次孩子参加定期的健康体检时，医生会详细地询问孩子饮食、排便、活动、睡眠方面的情况，并把体检结果、孩子近期的生活状况，以及生长曲线记录在孩子个人档案中。近年来，很多家长开始重视儿童心理、行为方面的咨询，必要时还可以做一些必要的心理测评。

其次，医生对宝宝健康状况进行评估，以了解个人健康状况趋势，并通过以上数据为孩子作出个人健康状况评估。一旦明确了孩子目前的健康状况，医生便会给父母一些指导，在孩子下一次体检前，父母需要为宝宝做哪些有针对性的改善行动。

最后，医生会根据孩子的情况为他安排下一次检查的时间，父母只需按时带孩子去检查就可以了。对于儿童心理、行为方面的健康指导，在一段有序的矫治或训练之后，往往会取得明显疗效。

3. 生理健康是儿童健康的基础

生理健康一般是指躯体健康，从外观上看，身高、体重与同年龄的孩子相当，骨骼、肌肉发育良好，皮肤红润、眼睛明亮、动作灵活，这是一个大的轮廓，一眼就能看出。

此外，生理健康还应当包括五官健康，如果孩子的眼睛、鼻子、耳朵出了问题，孩子的发育就会受到影响。例如，一个3个月的孩子对大人说的话不能很好地予以反应，家长就应当注意孩子的耳朵、眼睛是不是出了问题。

健康的躯体还应当具备很好的抗病力，孩子不生病或很少生病才能确保孩

子健康成长。因此,生理健康是心理健康、道德健康和社会适应健康的基础,只有生理健康得到了很好的发展,孩子其他方面的发展才能得到保障。

4. 神经精神发育的逐渐成熟

婴幼儿的神经精神发育,是指婴幼儿对内、外环境的各种刺激的反应,主要体现于神经、精神的各类活动中,包括坐、走、跑、跳和各种精细动作的能力,对语言的理解能力,对周围的人和事物的情感反应和交往能力等。所有这一切均是以神经系统组织结构的不断发育成熟为基础的。

婴幼儿出生后的头 3 年,是生理、心理、身心健康发育非常迅速的阶段。在这一段时间内,每一个父母除了要关心婴幼儿的饮食起居外,还应根据婴幼儿的生长发育和心理行为的发展,有针对性地进行教育、引导。

婴幼儿出生时,脑细胞也是在逐渐发育成熟中;另外,神经髓鞘也没完全形成,这个过程要延续到 3 岁以后,而且不同的神经发育也分先后,如脊髓神经髓鞘的形成是自上而下的,所以婴儿的运动神经功能有其发展规律,动作的发育总是自上而下,从不协调到协调,由不集中到集中。

5. 性格的发展

出生时每个婴幼儿有不同的气质特点,有的反应敏捷、灵活,有的温顺易养,有的行为缓慢,有的暴躁难养。随着对环境的适应和与爸爸、妈妈、爷爷、奶奶、外公、外婆的接触逐渐形成不一样的个性心理特征,即性格。性格一旦形成就较为稳定,但也可在一定环境条件下改变个性,称为“可塑性”。

婴儿期一切需求要依赖成年人,慢慢建立对周围亲人,通常是照顾最多的母亲的依赖和信任感。幼儿时期活动范围加大,能独立行动,自主感、主动性加强,但对亲人仍有依赖。4～5 岁以后生活基本能自理,主动性更强,开始有目标的行为,如会找书看、会找小朋友玩,对自己的情绪也能控制,耐心等待母亲准备的饭菜。随着体格的发育,性格逐渐形成,在家庭和学校教育下,社会交往增多,年轻的父母要重视通过生活、游戏、学习培养孩子健康的心理和独立的优秀性格。

6. 婴幼儿心理行为由简单到复杂

婴幼儿心理行为发育随年龄增长而发育，由简单到复杂逐渐达到成熟。注意力发育，出生最初 3 个月婴儿的注意力是无意的，满 3 个月以后才能较短暂地集中注意力，如注视人脸或倾听声音。但 1～3 岁婴幼儿注意力易分散，要到 5～6 岁才能较好地控制自己的注意力，即便如此，集中注意力也不过只能维持 10～15 分钟。

记忆力发育，记忆是复杂的活动，包括小儿认识妈妈和爸爸及衣服、鞋等生活用品，并能保持和回忆，这是神经心理发育过程。例如，5～6 个月的婴儿虽可再认识母亲，即母亲出现在眼前时能认识，但母亲不在眼前是不会想起母亲的。一般要到 1 岁左右才能于母亲不在眼前时也能想起母亲，即有记忆能力。婴幼儿期的记忆具有时间短、内容少的特点。

7. 婴幼儿思想活动与情感发育

思想是人脑的高级活动，常常通过语言来表达。1 岁以内婴儿主要依赖接触到的人和物产生思想活动，如看到吃的东西就嚷着要吃，不会产生想吃不在眼前的食品的要求。1～2 岁的幼儿想象力刚刚萌芽，3 岁以后想象力增强，但仍是短时间的、零星的。4～5 岁儿童仍有无意行为，但可产生有意想象和创造性想象，并随着大脑发育越来越成熟，逐步形成更强的独立思考能力，如在陌生的人和环境中会吵嚷着"要妈妈"和"要回家"。

感情和情绪变化，婴儿的情绪完全受外界生活环境的影响。新生儿尚不能顺利适应外界的环境，如饥饿、尿湿都会以啼哭表示。2 个月以后在母亲的亲切怀抱中，受到母亲温馨的爱抚，婴儿会处于十分满足和愉快的情绪中，逐渐对母亲产生依恋，6～9 个月达到高峰。6 个月后会认识亲人和陌生人，由于接触外界的范围扩大，1 岁以后依恋母亲的情感可逐渐淡漠。婴幼儿期情绪特点为：时间短、易变化、易冲动。随婴幼儿的大脑发育会慢慢地成熟，自控力增强，情绪逐渐稳定，亲密和谐的情感有益于婴幼儿智力心理发展和良好品德的形成。

8. 0～12个月婴儿生长发育的评估

父母可以根据自己宝宝成长的每个月龄段,从宝宝的大动作、精细动作、适应能力、语言发育和社交行为五大方面去衡量、评估宝宝的生长发育情况。记住,不要为宝宝某一方面的暂时落后而担心,每个宝宝在发展的速度、前后顺序等方面都会有差异,自身的比较比什么都重要,宝宝的每一小步前进都是值得庆贺的(表7)。

表7　0～12个月婴儿生长发育情况

月　龄	大运动	精细动作	适应能力	语言发育	社交行为
婴1月	小胳膊、小腿总是喜欢呈屈曲状态	手几乎都会攥成一个小拳头,手指运动非常有限	你把脸凑近他时,他会盯住你的脸看	发出没有意义的咕咕声	眼睛跟随走动的人,听到声音有反应
婴2月	拉着手腕可以坐起,头可短时竖直	俯卧时头可抬离床面,拨浪鼓在手中留握片刻	面对某件色彩鲜艳的物体,能盯住它看几秒钟	饿了、渴了、不舒服,会以哭声来表达	逗引时有反应,对他逗笑时,他会微笑
婴3月	俯卧时可抬头45度,抱直时头稳	两手可握在一起,拨浪鼓在手中留握片刻	他能马上发现举在他身体上方的玩具	会咯咯地笑出声,试着发元音	模样灵敏,见人会主动微笑
婴4月	喜欢别人把他抱起来,开始学着滚动身体了	双手握在一起放在胸前玩,开始学着伸手抓人	找到声源,在喂奶时间,他会高兴得手舞足蹈	经逗引能发出兴奋的高音或尖声	认亲人,性格很自然地外向,一点都不害羞或拘谨
婴5月	轻拉腕部即可坐起,独坐头身向前倾	会用手掌和大拇指握住一个玩具并牢牢地抓住	拿住一块积木,注视另一块积木	如果有人和他说话,会咿咿啊啊地回应	能意识到陌生的环境,并表示害怕、厌烦和生气
婴6月	俯卧翻身,仰卧时,能抬头并抬高两腿	会撕纸,把弄桌上的一块积木	两手同时拿住两块积木,玩具失落会找	会发出一串的牙牙学语声	自喂饼干,会找躲猫猫(手绢挡脸)人的脸

月 龄	大运动	精细动作	适应能力	语言发育	社交行为
婴7月	独坐自如,会频繁地用手抓东西往嘴里放	自己取一积木,玩具在手中会左右手传递	对距离较远的玩具有企图攫取的要求	能无意识发出"爸、妈"等单音节	对镜有游戏反应,能分辨出生人
婴8月	扶物可站立,个别婴儿抓住椅子、床栏能站立	能拇指、食指捏住小丸,手中拿两块积木,并试图取第三块积木	能够把一手的东西传递到另一只手	会试着模仿大人的声音,学会了大声喊叫	知道自己的名字,能理解"不"的意思
婴9月	能坐着又不会摔倒,站不了多久,已开始会爬	两手拿着玩具会互相敲打着玩	能较长时间地把注意力集中到玩具和游戏上	如问灯在哪里,他会朝灯看去	你把物品藏在一块布下,他能把布撩起来找到它
婴10月	会拉住栏杆站起身,扶住栏杆可以走	能把东西来回挪动或递给他人	拿掉扣住积木的杯子,并玩积木,找盒内的东西	能理解几个单词和很短、很简单的句子	会表示懂得常见物及其名称
婴11月	扶物、蹲下取物;独站片刻	能推开较轻的门,拉开抽屉,或把杯子里的水倒出	喜欢扔东西让你捡起来逗他玩	会模仿简单的声音,如汪汪,会欢迎、再见(手势)	懂得"不";模仿拍娃娃
婴12月	独自站稳;牵一只手可以走	打开包积木的纸,试把小丸投入小瓶	为他脱衣服时,他会举起胳膊协助你	叫妈妈、爸爸有所指;向他要东西知道给	能观察出成年人乐意或不乐意的表情并作出相应的反应

9. 1～3岁幼儿生长发育的评估

孩子在1～3岁就进入了幼儿期,这一时期的宝宝已经能够独立行走,家长留意在不同情境和活动中让他亲自去体验。随着孩子动作发育的不断完善,认知、语言的发育都会渐渐进入一个关键期。要让孩子养成遵守规则的习惯,可以组织一些游戏,让孩子在玩的过程中体验遵守规则的重要性。在这一过程中,让大孩子学会帮助比他小的孩子,养成互相帮助、学会分享等良好的行为习

惯,这样就培养了孩子社交与社会适应能力(表8)。

表8 1~3岁幼儿生长发育情况

月　龄	大运动	精细动作	适应能力	语言发育	社交行为
15个月	独走自如,完成爬、蹲、站、走的动作	会脱袜子,自发乱画、从瓶中拿到小丸	喜欢看图画,会指着图画并拍打它们	可以使用简单语汇与人互动、表达意思	需要东西时会有表示,指点或讲出物品名称
18个月	会脚尖走、扶墙上楼,会倒退走,会跑	能够独立地完成用杯子喝水这些技能	能弯下腰,捡起地上的玩具,然后继续往前走	会跟着大人仿说单字,如狗、花、车	能控制大便,在白天也能控制小便
21个月	孩子一高兴就开始颠颠地跑起来	能玩一些简单的拼插玩具	积木搭高7~8块、将圆形积木放入圆形空格	回答简单问题,说3~5个字的句子	开口表示个人需要
24个月	到处乱蹦,跳跃能力开始发展和提高	可以准确地用拇指和食指拿起一件很小的东西	会熟练地拧开或拧紧瓶盖,能用塑料小铲子挖一个沙坑	会说不完整句子,要求别人做什么,如喝水、给我	玩弄自己的玩具变得更容易了
27个月	跑的时候就可以偶尔加入一个单脚跳、跨步跳或是双脚跳了	将4块或更多的积木叠起成塔,直到它们倒塌	孩子会洗手和会用毛巾擦手	语言发展快速的孩子,甚至可以清楚说出常用的句子	会脱单衣或裤子,开始有是非观念
30个月	独自上楼,独自下楼,不扶任何物体,用单脚站立3~5秒	模仿用积木搭桥,穿扣子3~5个	已经会用双手做很多的事情了,可以用塑料刀和板切菜	有时喜欢自己喃喃嘤嘤,常常自言自语	用两个杯子来回倒水不洒,独立吃饭洒落不多
33个月	会拍球、抓球和滚球,但是仍难以接住球	能摆弄一些大纽扣、按扣和拉链	懂得"里、外";认识两种颜色,懂得"2"	能说出自己的姓名,能把一段小故事叙述完整	会穿鞋,会解扣子,区别衣服的前后
36个月	开始学会如何加速向前冲,如何拐一个急弯	折纸边角整齐(长方形),模仿画十字	乐意跟随大人参与生活的很多细节	懂得"冷了、累了、饿了";看图说出物体名称	能够做到自我照顾,例如吃饭、穿衣、穿鞋